土壤常见无机污染物分析测定方法图文解读

TURANG CHANGJIAN WUJI WURANWU
FENXI CEDING FANGFA
TUWEN JIEDU

中国环境监测总站　编

中国环境出版集团·北京

图书在版编目（CIP）数据

土壤常见无机污染物分析测定方法图文解读 / 中国环境监测
总站编 . —北京：中国环境出版集团，2020. 12
　ISBN 978-7-5111-4593-2

　Ⅰ. ①土…　Ⅱ. ①中…　Ⅲ. ①土壤污染—无机污染物—污染物
分析—图解　Ⅳ. ① X53-64

　中国版本图书馆 CIP 数据核字（2020）第 265377 号

出 版 人　武德凯
责任编辑　赵惠芬
责任校对　任　丽
封面设计　彭　杉

出版发行　中国环境出版集团
　　　　　（100062　北京市东城区广渠门内大街 16 号）
　　　　　网　　址：http：//www.cesp.com.cn.
　　　　　电子邮箱：bjgl@cesp.com.cn.
　　　　　联系电话：010-67112765（编辑管理部）
　　　　　发行热线：010-67125803　010-67113405（传真）
印　　刷　北京中科印刷有限公司
经　　销　各地新华书店
版　　次　2020 年 12 月第 1 版
印　　次　2020 年 12 月第 1 次印刷
开　　本　787×960　1/16
印　　张　14.75
字　　数　132 千字
定　　价　88.00 元

【版权所有。未经许可请勿翻印、转载，侵权必究】
如有缺页、破损、倒装等印装质量问题，请寄回本集团更换

中国环境出版集团郑重承诺：
中国环境出版集团合作的印刷单位、材料单位均具有中国环境标志产品认证；
中国环境出版集团所有图书"禁塑"。

编委会

主　　任：陈善荣　　吴季友

副 主 任：陈金融　　肖建军
　　　　　　刘廷良　　景立新

编委会成员

主　　编：刘廷良

副 主 编：杨　楠　　李名升

　　　　　夏　新

编　　委：姜晓旭　　周笑白

　　　　　田志仁　　吴宇峰

　　　　　王　琳　　关玉春

编写人员

第一章　仪器原理介绍

编写　　王　静　王记鲁　刘　跃

审核　　杨　楠　杜治舜　夏　新

第二章　石墨炉原子吸收法测定土壤中铅和镉

编写　　杨　楠　王　静　王记鲁　王　鑫

审核　　吴宇峰　王　琳　夏　新

第三章　火焰原子吸收法测定土壤中铜、锌、铅、镍和铬

编写　　杨　楠　王记鲁　王　静　姜晓旭

审核　　王　琳　吴宇峰　刘　跃

第四章　微波消解原子荧光法测定
　　　　土壤中汞、砷、硒、铋和锑
编写　　姜晓旭　王记鲁　郭晶晶
审核　　刘金冠　吴宇峰　关玉春

第五章　原子荧光法测定土壤中总汞
编写　　王　鑫　李　静　田志仁　王效国
审核　　姜晓旭　王　琳　王　静

第六章　原子荧光法测定土壤中总砷
编写　　李　静　王　鑫　杜治舜
审核　　姜晓旭　吴宇峰　李名升

第七章　X射线荧光光谱法测定土壤中
　　　　无机元素
编写　　刘　跃　王　璐　杨　楠
审核　　田志仁　吴宇峰　夏　新

第八章　分光光度法测定土壤中氰化物和
　　　　总氰化物
编写　　郭晶晶　张亚尼　封　雪
审核　　周笑白　王　琳　倪鹏程

第九章　离子选择电极法测定土壤中氟化物
编写　　林　冬　赵婧娴　李宗超
审核　　周笑白　王　琳　杨亦询　李会亚

前　言

　　随着社会发展和科技进步，土壤污染问题不断增多，涉及的土壤污染物种类和数量也在增加。经过40年土壤环境监测的发展，特别是在"十三五"时期开展的国家土壤环境监测网例行监测和全国土壤污染状况详查工作的推动下，我国已形成较完备的无机理化指标和重金属元素的监测方法。此外，2018年发布的《土壤环境质量　农用地土壤污染风险管控标准（试行）》（GB 15618—2018）和《土壤环境质量　建设用地土壤污染风险管控标准（试行）》（GB 36600—2018）明确了不同土地利用方式下土壤污染物的风险筛选值和管制值，也进一步推动了土壤环境监测指标体系的构建。

　　为便于土壤环境监测工作者更好地理解和掌握土

壤常见无机污染物的分析测试技术，本书从现有土壤分析方法标准中梳理出 3 种常见分析测试仪器以及氟化物、氰化物和重金属等无机污染物的监测方法，通过图文并茂的形式直观地展示了仪器原理、操作要点、分析测试技术要求和质量控制关键环节，力图使读者通过阅读本书，迅速掌握上述项目的分析方法，并提高污染物含量测定的准确度。本书可供土壤环境监测人员和质量管理人员在监测工作中参照使用，也可供其他相关技术人员参考阅读。

本书第一章由王静、杨楠、王记鲁、刘跃、杜治舜和夏新编写及审核；第二章由杨楠、王静、王记鲁、王鑫、吴宇峰、王琳和夏新编写及审核；第三章由杨楠、王记鲁、王琳、王静、姜晓旭、吴宇峰和刘跃编写及审核；第四章由刘金冠、王记鲁、姜晓旭、郭晶晶、吴宇峰和关玉春编写及审核；第五章由姜晓旭、王鑫、李静、田志仁、王效国、王琳和王静编写及审核；第六章由李静、姜晓旭、王鑫、吴宇峰、李名升和杜治舜编写及审核；第七章由刘跃、王璐、田志仁、吴宇峰、杨楠和夏新编写及审核；第八章由周笑白、郭晶晶、张亚尼、封雪、王琳和倪鹏程编写及审核；第九章由林冬、赵婧娴、周笑白、李宗超、王琳、杨亦询和李会亚编写及审核。

由于编者水平有限，编写时间仓促，若有疏漏和错误，恳请广大读者批评指正。

目 录

第一章　仪器原理介绍　/　**1**

一、原子吸收光谱仪　/　3

二、原子荧光光谱仪　/　15

三、X 射线荧光光谱仪　/　22

第二章　石墨炉原子吸收法测定土壤中
　　　　铅和镉　/　**31**

一、适用范围　/　34

二、检出限　/　34

三、方法原理　/　36

四、试剂材料　/　39

五、实验步骤　/　40

六、结果计算与表示　/　54

七、质量保证与质量控制　/　54

八、仪器的日常维护　/　55

九、注意事项　/　58

第三章　火焰原子吸收法测定土壤中
　　　　　铜、锌、铅、镍和铬 / **59**
　　一、适用范围 / 65
　　二、检出限 / 65
　　三、方法原理 / 66
　　四、试剂材料 / 69
　　五、实验步骤 / 69
　　六、结果计算与表示 / 80
　　七、质量保证与质量控制 / 81
　　八、仪器的日常维护 / 82

第四章　微波消解原子荧光法测定土壤中
　　　　　汞、砷、硒、铋和锑 / **87**
　　一、适用范围 / 92
　　二、检出限 / 92
　　三、方法原理 / 94
　　四、试剂材料 / 94
　　五、实验步骤 / 96
　　六、结果计算与表示 / 104
　　七、质量保证与质量控制 / 105
　　八、仪器的日常维护 / 105
　　九、注意事项 / 106
　　十、消解方法比较 / 106

第五章　原子荧光法测定土壤中总汞 / **109**
　　一、适用范围 / 112
　　二、检出限 / 112
　　三、方法原理 / 112
　　四、试剂材料 / 114
　　五、实验步骤 / 117

六、结果计算与表示 / 126

七、质量保证与质量控制 / 127

八、仪器的日常维护 / 128

九、注意事项 / 131

第六章　原子荧光法测定土壤中总砷　/　135

一、适用范围 / 137

二、检出限 / 138

三、方法原理 / 138

四、试剂材料 / 139

五、实验步骤 / 140

六、结果计算与表示 / 144

七、质量保证与质量控制 / 144

八、仪器的日常维护 / 145

九、注意事项 / 145

**第七章　X射线荧光光谱法测定土壤中
　　　　无机元素　/　147**

一、适用范围 / 158

二、检出限 / 159

三、方法原理 / 160

四、试剂和材料 / 161

五、仪器和设备 / 162

六、样品 / 163

七、分析步骤 / 165

八、结果计算与表示 / 169

九、质量保证与质量控制 / 170

十、干扰和消除 / 172

十一、仪器的日常维护 / 173

十二、注意事项 / 176

**第八章　分光光度法测定土壤中氰化物和
　　　　总氰化物 / 179**

一、适用范围 / 182

二、检出限 / 182

三、术语和定义 / 183

四、方法原理 / 184

五、试剂和材料 / 185

六、仪器和设备 / 190

七、样品 / 192

八、分析步骤 / 195

九、结果计算与表示 / 200

十、质量保证和质量控制 / 201

十一、注意事项 / 201

十二、废物处理 / 202

**第九章　离子选择电极法测定土壤中
　　　　氟化物 / 203**

一、适用范围 / 206

二、检出限 / 206

三、方法原理 / 206

四、试剂材料 / 207

五、仪器和设备 / 209

六、样品 / 211

七、实验步骤 / 212

八、结果表示 / 218

九、精密度和准确度 / 218

十、注意事项 / 219

参考文献 / 221

第一章　仪器原理介绍

DIYIZHANG　YIQI YUANLI JIESHAO

通过"六五"和"七五"期间开展的农业土壤背景值调查、全国土壤环境背景值调查、土壤环境容量调查，"九五"和"十五"期间开展的土壤专项调查，"十一五"期间开展的全国土壤污染状况调查，"十二五"期间开展的国家土壤例行监测试点以及"十三五"期间开展的国家土壤环境监测网例行监测和全国土壤污染状况详查等工作，我国已基本形成了一套土壤环境监测体系，并建立了比较完善、成熟的无机理化指标和重金属元素标准分析方法。

根据生态环境部官网等网站发布的结果统计，无机项目的监测方法及技术手段主要涉及原子吸收法、分光光度法、气相色谱法、电化学分析法、化学分析法、原子荧光法、电感耦合等离子体发射光谱法、电感耦合等离子体质谱法和波长色散X射线荧光光谱法等。为使读者更好地掌握不同技术手段的分析测定方法，本章选择了原子吸收光谱仪、原子荧光光谱仪和X射线荧光光谱仪3种主流土壤无机污染物监测仪器，对它们的构造和工作原理进行介绍。

一、原子吸收光谱仪

原子吸收光谱分析简称原子吸收法，是基于自由原子吸收光辐射的一种元素定量分析方法，即被测元素的基态原子对由光源发出的该原子的特征性窄频辐射产生共振吸收，在一定浓度范围内其吸光度与蒸气相中被测元素的基态原子浓度成正比。原子吸收光谱仪基本结构见图1-1。

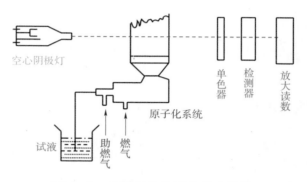

图1-1 原子吸收光谱仪基本结构

原子吸收法与紫外分光光度法的基本原理相同，都遵循朗伯－比尔定律。根据原子化方式可分为：

①火焰原子吸收法。

②无火焰原子吸收法。

③冷原子吸收法。

（一）原子吸收光谱的产生

原子吸收光谱与原子发射光谱的产生是互相联系的两个相反过程。光的发射是原子中外层较高能级（激发态）的电子跃迁至较低能级（低激发态或基态）时所产生的电磁辐射。光的吸收是当基态原子受到外界一定能量作用时，原子外层电子就会从基态向较高能级跃迁，这时就要吸收一定频率的辐射，即一种元素的原子不仅可以发射一系列特征谱线，也可以吸收与发射波长相同的特征谱线（图1-2）。

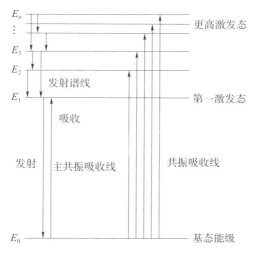

图1-2 原子吸收与原子发射关系

一般而言，同种原子的发射光谱线要比吸收光谱线多得多（图1-3）。因为吸收光谱的大多数谱线是由原子中的价电子从基态到各激发态之间的跃迁产生的，而原子发射光谱中除了电子从激发态向基态跃迁外，还包括不同激发态之间的跃迁。

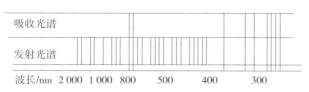

图1-3 钠原子的吸收光谱与发射光谱

光谱分析中原子在基态与激发态之间的相互跃迁，称为共振跃迁，由共振跃迁产生的谱线，称为共振吸收线 / 发射线。第一共振吸收线（主共振吸收线）是由第一激发态向基态跃迁产生的共振吸收谱线。原子吸收法通常是利用第一共振吸收谱线进行测定。

（二）光源

原子吸收光谱仪可分为单光束原子吸收光谱仪、双光束原子吸收光谱仪，这两种光谱仪的基本结构相同，都由光源、原子化系统、分光系统和检测系统 4 个主要部分组成。

单光束分光光度计（图 1-4 中实线部分）是指从光源发射的待测元素的共振线通过原子化器中的基态原子，部分作用光被待测原子的原子蒸气吸收，分析光进入单色器，再照射到检测器上，产生交流电信号，经放大后在读数指示器上显示（吸光度）。

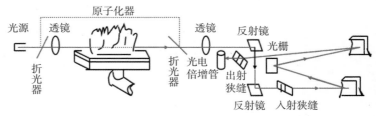

图 1-4　单光束（双光束）分光光度计光路

双光束分光光度计（图 1-4 中实线部分和虚线参

比光束部分）主要不同点在于光源辐射的作用光被旋转折光器分为两束光强相同的光，其中一束通过原子化器（通过试样），另一束不通过原子化器，作为参比光束。之后两束分析光都通过单色器和检测器。通过测定参比光束光源强度的波动，达到消除由光源强度不稳定所引起的漂移的目的，使测量准确性得到进一步提高。

原子吸收分析用的光源须满足以下要求：

①稳定性好；

②发射强度高；

③使用寿命长；

④能发射待测元素的共振线，且其半宽度要小于吸收线半宽度；

⑤背景辐射小。

空心阴极灯、蒸气放电灯、高频无极放电灯和可调激光器均可满足以上要求，其中空心阴极灯较常用。

空心阴极灯用被测元素的纯金属或合金作为空心阴极的材料，用金属钨作阳极材料，将两电极密封于充满低压惰性气体的玻璃管内（图1-5）。其工作原理为：在阴、阳两极间施加足够大的直流电压后，电子由阴极高速射向阳极，运动过程中与管内的惰性气体原子发生碰撞，并使之电离，电离产生的正粒子在电场作用下高速撞击阴极腔内壁被测元素的原子，使其以激发态的形式溅射出来，当它返回基态时即可辐射出该元素的特征共振线。

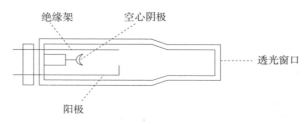

图 1-5　空心阴极灯

（三）原子化系统

原子化是将试样中的待测元素变成气态的能吸收特征辐射的基态原子的过程。

原子化系统是完成原子化过程的装置，也称原子化器，可分为：

①火焰原子化法：应用化学燃烧火焰使试样原子化的方法。

②无火焰原子化法：靠热能或电加热手段实现原子化的方法。

（四）火焰原子化装置

火焰原子化装置包括雾化器和燃烧器两部分，常用的燃烧器为预混合型（图 1-6）。

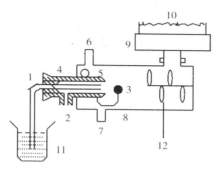

1—毛细管；2—空气入口；3—撞击球；4—雾化器；5—空气补充口；
6—燃气入口；7—排液口；8—预混合室；9—燃烧器（灯头）；10—火焰；
11—试液；12—扰流器

图 1-6　预混合型燃烧器

1. 雾化器

雾化器包括喷雾器和雾化室。雾化器将试样溶液雾化，喷出的雾滴碰在撞击球上，进一步分散成细雾。要求雾化效率高、喷雾适量、雾滴细微均匀且重现性好。雾化器效率除与雾化器结构有关外，还取决于溶液的表面张力、黏度、助燃气压力、流速和温度。

雾化器工作原理是当一定压力的空气高速从气体导管喷出时，在吸液毛细管尖端产生一个负压，致使试液经毛细管被提吸上去。试液在高速气流的切向应力作用下很快形成雾珠，并进一步形成更细的气溶胶粒子。撞击球的作用是通过对气流的压力、流速和方向的改变，更有利于雾珠的细微化。试液雾化后进入

雾化室，与燃气在室内充分混合，经混合后的细雾滴
（10% 试样）进入燃烧器燃烧、原子化，较大的雾滴凝
结后从排液口排出（90% 试样）。

2. 燃烧器

燃烧器分为分孔型和长缝型两种，为了加长吸收
光程，多采用长缝型燃烧器（图 1-7）。燃烧器可以上
下、左右调节，使空心阴极灯发出的共振光束能准确
地通过火焰原子化层。

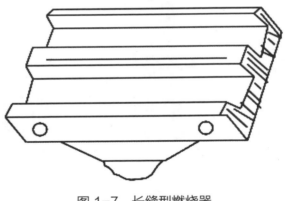

图 1-7 长缝型燃烧器

3. 原子化

试液经雾化后，气溶胶进入火焰，首先被蒸干成
固体微粒，并气化成气态分子，然后再解离成基态原
子。一部分基态原子由于吸收了火焰的热能而被激发
或电离，另一部分在火焰中形成氧化物、氢氧化物或
其他化合物，并可能受到激发。

火焰温度的高低是影响原子化过程的基本因素。温度太低，有些金属元素原子化不完全；温度太高，会增加噪声，也会增加电离，从而干扰测定，其中对碱和碱土金属元素的影响最大。因此，测定不同元素时应该使用不同的火焰温度，易挥发或电离电位较低的元素（如碱、碱土金属、Pb、Cd、Zn、Sn）应使用低温火焰；与氧易生成耐高温氧化物且难解离的元素（如 Al、Mo、Ti、W 等）应使用高温火焰。火焰温度可以通过选择不同的助燃气种类、燃气/助燃气比例以及配合适宜条件等加以调节。常用的火焰有乙炔-空气火焰、乙炔-氧化亚氮火焰、乙炔-笑气火焰。同种火焰按照燃助比的不同可分为 3 种类型：

①正常焰：按化学计量配比燃助比的火焰。

②富燃焰：燃助比大于化学计量的火焰，还原性强。易生成氧化物的元素（如 K、Mg、Mo、V）应使用富燃焰，以抑制其氧化物的产生，利于原子化。

③贫燃焰：燃助比小于化学计量的火焰，氧化性强。

（五）无火焰原子化器

无火焰原子化器包括电热高温石墨炉、石墨坩埚、高频感应加热炉、空心阴极溅射、等离子喷焰、激光和氧化物发生器等，其中电热高温石墨炉原子化器（图1-8）较为常用，其工作原理是：将试样或试液置于石墨炉（石墨管）中，用300 A的大电流通过石墨炉并将其加热到3 000 ℃，使试样原子化。为了防止试样及石墨炉本身被氧化，需要通入惰性气体（Ar或 N_2），即在惰性气体中加温。

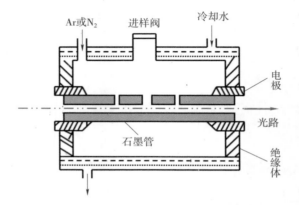

图 1-8 电热高温石墨炉原子化器结构

无火焰原子化过程包括：

1. 干燥

先用小电流加热，以除去样品中的溶剂。溶剂为水的需加热至100 ℃左右除去水分，以防止试样突然沸腾或渗入石墨炉壁中的试液激烈蒸发而引起的飞溅。

2. 灰化（分解）

升高温度使试样中盐类分解并赶走阴离子，破坏有机物，除去其他干扰离子或易挥发基体，即除去共存的有机物质或低沸点无机物烟雾的干扰。最适灰化温度和时间以待测元素不挥发损失为限，由基体性质决定，一般为 200～600℃，有时高达上千摄氏度。

3. 原子化

原子化是在高温下使以盐类或氧化物形式存在于试样中的待测元素挥发并解离成基态原子的过程。一般情况下，原子化温度每升高 100℃，信号峰值提高百分之几。

原子化阶段的基本考虑是以一定的速度使分析元素的信号峰从基体中分离出来，因此在所选定的条件中应保证热量、原子化时间和停留时间等因素足够稳定。

4. 除残（净化）

当试样中待测元素信号被记录后，还需升温至大于原子化温度 100℃左右，停留数秒钟，以除去石墨管中残留物质，消除其记忆效应，以便下一个试样的测定（图 1-9）。对于一些极易挥发元素的测定，可以采用连续升温的办法。

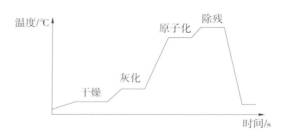

图 1-9　石墨炉程序升温

（六）检测系统

检测系统的作用是完成光电信号的转换，即将光信号转换成电信号，为以后的信号处理做准备。检测系统主要由检测器、放大器、对数变换器、显示装置组成。

检测器的作用是将单色器分出的光信号进行光电转换，常用光电倍增管（PMT）逐级放大来完成。其特点是一次曝光只能检测一条谱线，不同波段有不同灵敏度。但光电倍增管无法同时测定分析线和背景强度，这是光电倍增管的主要弱点。

光电倍增管是一种多极的真空光电管，内部有电子倍增结构，内增益极高，是目前灵敏度最高、响应速度最快的一种光电检测器。

光电倍增管由光窗、光电阴极、电子聚焦系统、电子倍增系统和阳极5部分组成。光窗是入射光的通道，同时也是对光吸收较多的部分，波长越短吸收越多，所以光电倍增管光谱特性的短波阈值取决于光窗材料。用于原子吸收光谱仪光电倍增管的光窗材料常采用能透过紫外线的玻璃或熔融石英。光电阴极的作用是光电变换，接收入射光，向外发射光电子。电子聚焦系统使前一极发射出来的电子尽可能没有损失地落到下一个倍增极上，同时保证渡越时间尽可能短。电子倍增系统由二次电子倍增材料构成，受到高能电子轰击时能发射次级电子，从而导致电子的倍增。

二、原子荧光光谱仪

原子荧光光谱法是通过测量待测元素的原子蒸气在特定频率辐射能激发下所产生的荧光强度来测定元素含量的一种仪器分析方法。

固态或液态样品在消解液中经过高温加热，发生氧化还原、分解等反应后，将含有分析元素的酸性溶液在预还原剂的作用下转化成特定价态，与还原剂硼氢化钾（KBH_4）反应产生氢化物和氢气，在载气（Ar）的推动下氢化物和氢气被引入原子化器（石英炉）中并原子化。特定的基态原子（一般为蒸气状态）吸收合适的特定频率的辐射，其中部分受激发态原子在去激发过程中以光辐射的形式发射出特征波长的荧光，检测器测定原子发出的荧光而实现对元素含量的测定。不同元素的氢化物发生产物见图 1-10。

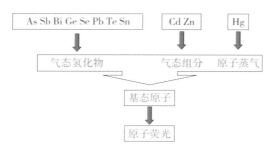

图 1-10　不同元素的氢化物发生产物

（一）原子荧光光谱的产生

气态自由原子在吸收光源的特征辐射后，原子的外层电子跃迁到较高能态，约经 10^{-8} s 后，又跃迁返回至基态或较低能态，同时发射出与原激发波长相同或不同的发射光谱，即为原子荧光（图 1-11）。原子荧光是光致发光，也是二次发光。当激发光源停止照射之后，再发射过程立即停止。

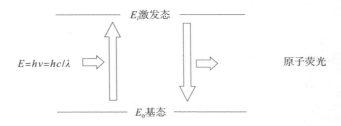

E_j激发态

$E=h\nu=hc/\lambda$

原子荧光

E_0基态

图 1-11　原子荧光产生原理

原子荧光有两种基本类型，即共振荧光和非共振荧光。

1. 共振荧光

当激发波长与产生的荧光波长相同时，这种荧光称为共振荧光。它是原子荧光分析中最常用的一种荧光，见图 1-12 中 A 和 C。若原子受热激发处于亚稳态，再吸收辐射进一步激发，然后发射出波长相同的共振荧光，即热共振荧光，见图 1-12 中 B 和 D。

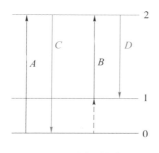

图 1-12 共振荧光示意

2. 非共振荧光

荧光线的波长与激发线的波长不相同，大多数是荧光线的波长比激发线的波长要长。常见的有直跃线荧光、阶跃线荧光和 anti-Stokes 荧光 3 种（图 1-13）。

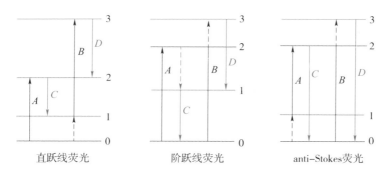

直跃线荧光   阶跃线荧光   anti-Stokes荧光

图 1-13 非共振荧光示意

3. 荧光淬灭

荧光淬灭是指处于激发态的原子，随时可能在原子化器中与其他分子、原子或电子发生非弹性碰撞而丧失其能量，荧光将减弱或完全不产生的现象。荧光淬灭的程度与被测元素以及淬灭剂的种类有关。

（二）原子荧光光谱仪

原子荧光光谱仪分为色散型和非色散型两大类，其结构基本相似，主要区别是色散型仪器多了一个单色仪，而非色散型仪器在检测器前只需加一个光学滤光片（图 1-14）。目前市场上的原子荧光光谱仪以非色散型为主。

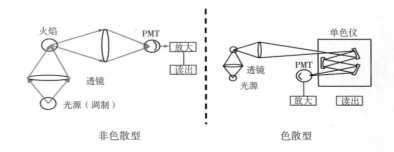

图 1-14 非色散型和色散型原子荧光光谱仪

原子荧光光谱仪基本组成包括激发光源、原子化器、蒸气发生系统和检测系统四大部分（图 1-15）。激发光源是原子荧光光谱仪中直接影响信号强弱的主要组成部分，在一定条件下荧光强度与激发光源的发射强度成正比；原子化器可将被测样品原子化，使其形成基态原子蒸气；蒸气发生系统由进样装置和气液分离器组成；检测系统则通过光电检测器把原子荧光信号转换成电信号，并最终转换为荧光强度值。

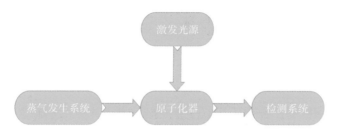

图 1-15 原子荧光光谱仪基本结构

（三）激发光源

理想的激发光源应具有发射强度高、无自吸现象、发射谱线窄、纯度高、噪声小、稳定时间长和使用寿命长等特点。目前，原子荧光光谱仪使用的激发光源多为高性能空心阴极灯（汞为阳极灯）（图 1-16）。高性能空心阴极灯有两个阴极（主阴极和辅阴极）和一个阳极。与普通空心阴极灯相比，其特征谱线强度更高、杂散谱线种类减少，使得分析灵敏度和线性范围更好，而且基线稳定性好。

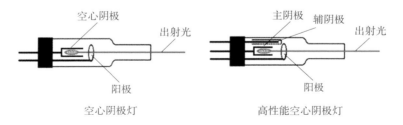

图 1-16 空心阴极灯与高性能空心阴极灯结构

（四）原子化器

原子化器通过提供能量使待测元素的结合态原子变成自由态原子。目前，我国的原子荧光光谱仪主要采用石英管氩氢火焰原子化器，利用还原剂硼氢化钾／硼氢化钠在与酸性介质溶液蒸气反应过程中，生成氢化物、气态汞原子、挥发性化合物以及过量的氢气，由载气（Ar）导入开口式的石英炉原子化器中，在石英管开口端点燃即可形成氩氢火焰。石英管氩氢火焰原子化器具有火焰原子化效率较高、干扰小、分析灵敏度高以及重现性好等特点。原子化器基本结构见图1-17。

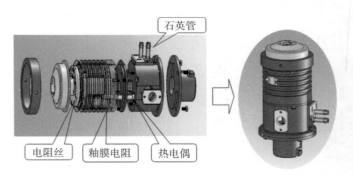

石英管

电阻丝　釉膜电阻　热电偶

图1-17　原子化器基本结构

（五）蒸气发生系统

蒸气发生系统包括进样系统、气液分离器以及气路等（图1-18）。目前大多数的商用仪器采用断续流动法，这种方式是介于连续流动和流动注射之间的一种技术，具有蒸气发生反应效率高、记忆效应小、气液分离效果好、测试速度快等特点，可以提高仪器的可靠性、节省测试试剂用量，同时减少记忆效应、避免交叉污染。

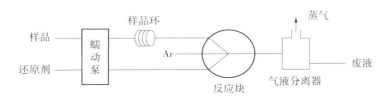

图 1-18 蒸气发生系统结构

（六）检测系统

原子化器产生的原子受特征光源照射之后发出荧光，光电检测器将该荧光信号转变成电信号，电信号经过放大器、同步调解和积分器等系列检测电路处理之后，再被电脑转换为数据，进行记录和计算。荧光信号照射到光电倍增管的强度和电流之间呈线性关系。原子荧光光谱仪采用的检测器件主要是光电倍增管（波长范围 160～320 nm）（图 1-19），通过改变光电倍增管负高压可以调节荧光强度值。

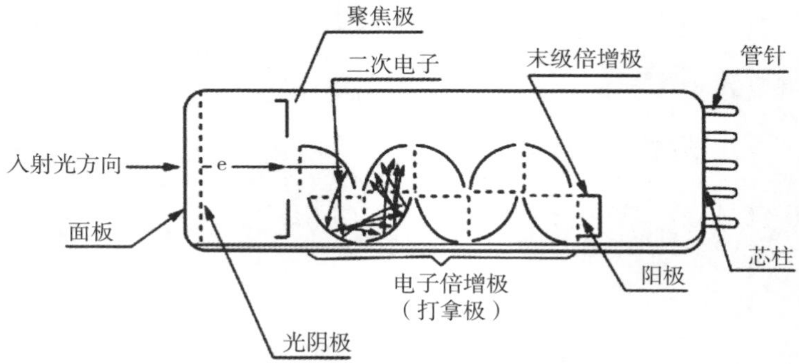

图 1-19　光电倍增管检测器原理

三、X 射线荧光光谱仪

用 X 射线照射试样时，试样被激发出各种波长的荧光 X 射线，需要把混合的 X 射线按波长（或能量）分开，分别测量不同波长（或能量）的 X 射线的强度，以进行定性和定量分析，为此使用的仪器叫 X 射线荧光光谱仪（XRF）。

由于 X 射线具有一定波长，同时又有一定能量，因此，X 射线荧光光谱仪有两种基本类型：波长色散型 X 射线荧光光谱仪（WD-XRF）和能量色散型 X 射线荧光光谱仪（ED-XRF）。

波长色散型 X 射线荧光光谱仪是用分光晶体将荧光色散后，测定各种元素的特征 X 射线荧光波长和强度，从而得到各元素的含量；能量色散型 X 射线荧光光谱仪是借助高分辨率敏感半导体检测器与多通道脉冲分析仪，将未色散的 X 射线荧光按光子能量分离 X 射线光谱线，根据各元素能力的高低来测定各元素的含量。

（一）波长色散型 X 射线荧光光谱仪

波长色散型 X 射线荧光光谱仪由 X 射线源、准直器、分光系统、探测系统和记录装置等部分组成，它们能起到激发、色散、探测和显示等作用。

样品发射的特征辐射的不同能量被分析晶体或单色仪衍射到不同方向（类似于棱镜将不同颜色的可见光分散到不同方向）。将探测器置于一定角度，可以测量具有一定波长的 X 射线的强度。例如，连续光谱仪使用测角仪上的移动探测器通过移动一定角度，可以测量出不同波长的强度。同步光谱仪配有一组固定的检测系统，其中每个系统测量特定元素的辐射。波长色散型 X 射线荧光光谱仪见图 1-20。

1. X 射线源

由 X 射线光管发出的一次 X 射线的连续光谱和特征光谱是 X 射线荧光分析中常用的激发源。初级 X 射线的波长应稍短于受激元素的吸收线，使能量最有效地激发分析元素的特征谱线。

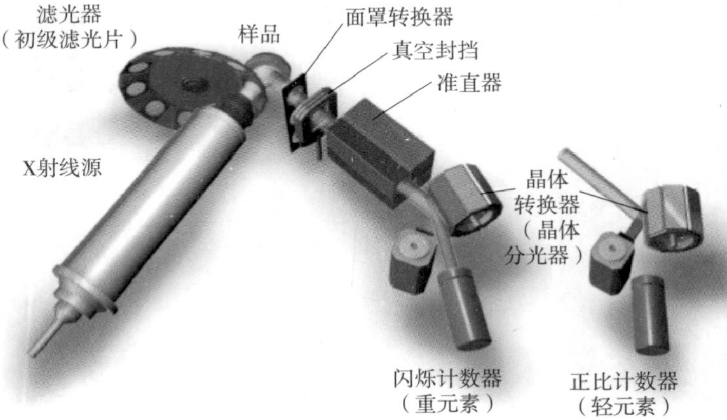

滤光器
（初级滤光片）
样品
面罩转换器
真空封挡
准直器
X射线源
晶体
转换器
（晶体
分光器）
闪烁计数器
（重元素）
正比计数器
（轻元素）

图 1-20　波长色散型 X 射线荧光光谱仪实例

X 射线光管由阴极灯丝和阳极靶组成（图 1-21）。灯丝通电流后会放出热电子，在阴极灯丝和阳极靶之间加一个 20～60 kV 的高压，电子在高压作用下加速撞击阳极靶。阳极靶由金属组成，常用的材料有 Rh、Mo 和 Cr。加速电子撞击阳极靶，与靶中的电子相互作用并以 X 射线光子的形式释放部分能量，这些 X 射线光子就是激发源。

灯丝电源
灯丝
电子束
X射线
Be窗
靶
冷却水
玻璃
绝缘油
正高压电
冷却水

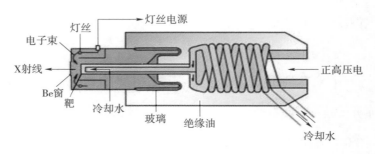

图 1-21　X 射线光管结构

2. 准直器

准直器是由许多有着精密间距的、平滑的薄金属片叠积而成（图 1-22），其主要作用是将样品发射出的 X 射线荧光变成平行光束照射到晶体上。准直器会影响信号的强度和分辨率。

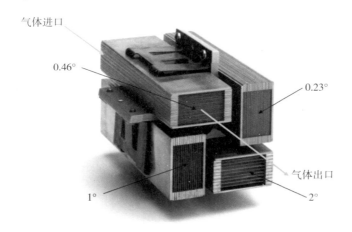

气体进口

0.46°

0.23°

1°

2°

气体出口

图 1-22　准直器结构

3. 分光系统

分光系统的主要部件是晶体分光器。X 射线光管产生的 X 射线激发源照射到被测样品上，激发出样品中各种元素的特征谱线，穿过准直器后以平行光入射到分光晶体。分光晶体利用 X 射线的衍射特性，将不同波长的 X 射线分开至不同的衍射角度。

分光晶体的分光原理是布拉格衍射定律 $2d\sin\theta=n\lambda$。当波长为 λ 的 X 射线以 θ 角射到晶体，如果晶面间

距为 d，则在出射角为 θ 的方向，可以观测到波长为 $\lambda=2\,d\sin\theta$ 的一级衍射，以及波长为 $\lambda/2$、$\lambda/3$ 等的高级衍射。改变 θ 角，可以观测到不同波长的 X 射线，从而使不同波长的 X 射线被分开。

常见的分光晶体测试范围见图 1-23。

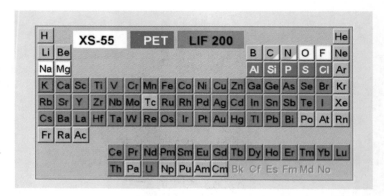

图 1-23　常见的分光晶体测试范围

4. 探测系统

探测器接收经过分光的某一波长的 X 射线光子，将光子信号转换为电信号，获得强度值。探测器主要包括流气计数器（正比计数器）和闪烁计数器。

流气计数器主要由金属圆筒负极和芯线正极组成（图 1-24）。金属圆筒内充氩（Ar，90%）和甲烷（10%）的混合气体，X 射线射入筒内，使 Ar 原子电离，生成的 Ar^+ 在向阴极运动时，又引起其他 Ar 原子电离，雪崩式电离产生脉冲信号，脉冲幅度与 X 射线能量成正比。所以这种计数器也叫正比计数器，为了保证计数器内所充气体浓度不变，气体需要一直保持流动状态。正比计数器适用于轻元素的检测。

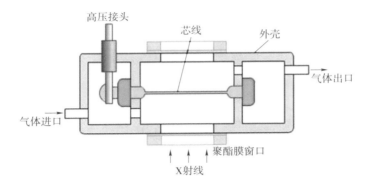

图 1-24　流气计数器

闪烁计数器由闪烁晶体和光电倍增管组成（图 1-25）。当 X 射线照射到闪烁晶体后可产生可见光，再由光电倍增管放大，得到脉冲信号。闪烁计数器适用于重元素的检测。

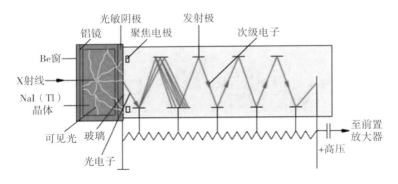

图 1-25　闪烁计数器

5. 记录系统

记录系统主要由放大器、脉冲高度分析器、记录和显示装置组成。脉冲高度分析器的作用是选取一定范围的脉冲幅度，将分析线脉冲从某些干扰线和散射线中分辨出来，以改善分析的灵敏度和准确度。

（二）能量色散型 X 射线荧光光谱仪

能量色散型 X 射线荧光光谱仪由 X 射线源、检测器、记录装置（计算机）等部分组成（图 1-26）。这种光谱仪不采用晶体分光系统，而是采用半导体检测器，并配以多通道脉冲分析器，直接测试样品 X 射线荧光的能量。

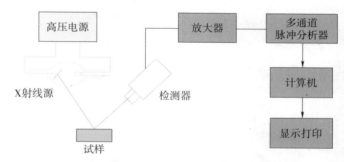

图 1-26　能量色散型 X 射线荧光光谱仪结构

样品 X 射线荧光依次被半导体检测器检测，得到一系列幅度和光子能量成正比的脉冲，经放大器放大后送到多通道脉冲分析器。按脉冲幅度分别统计脉冲数（脉冲幅度可以用电子能量来标度），从而得到强度随能量分布的曲线，即能谱图。

（三）WD-XRF 和 ED-XRF 比较

目前，能量色散型 X 射线荧光光谱仪与波长色散型 X 射线荧光光谱仪的检测能力基本相当。对于重元素，ED-XRF 和 WD-XRF 在检出限、灵敏度、分辨率上相差不多；对于轻元素，WD-XRF 在检出限、灵敏度、分辨率上比 ED-XRF 要稍好一些。ED-XRF 和 WD-XRF 的优缺点见表 1-1。

表 1-1　ED-XRF 和 WD-XRF 的优缺点

参数	ED-XRF	WD-XRF
元素范围	Na～U	Be～U
检出限	对轻元素不理想，对重元素较好	对轻元素尚可，对重元素较好
灵敏度	对轻元素不理想，对重元素较好	对轻元素尚可，对重元素较好
分辨率	对轻元素不理想，对重元素较好	对轻元素、重元素均较好
精密度	好	很好
功率消耗	1～600 W	50～4 000 W
测量方式	同时	顺序 / 同时
读取方式	峰面积	峰高
干扰谱线	逃逸峰、和峰	高次线、晶体荧光
转动部件	无	晶体、测角仪
仪器费用	相对低廉	相对昂贵

第二章　石墨炉原子吸收法测定
土壤中铅和镉

铅（Pb）是一种银白色金属，略带蓝色，在空气中失去光泽，变为暗灰色，质地柔软，有良好的延展性。铅以碳酸铅、氢氧化铅、硫酸铅等形式存在。汽油燃烧、采矿和冶炼等产生的铅随降水、降尘、地面径流进入土壤，在土壤中不易迁移。铅是一种有毒金属，在人体内蓄积后很难代谢，尤其会对儿童的神经系统、血液循环系统和脑的发育造成严重危害。长期接触铅及其化合物，如强氧化性的 PbO_2，会引发肾病和腹部绞痛症状。

镉（Cd）是一种银白色金属，略带淡蓝色光泽，质软耐磨，有韧性和延展性，易燃且有刺激性。地壳中镉的含量为 $0.1 \sim 0.2$ mg/kg。镉与硫酸、盐酸和硝酸作用产生镉盐。镉对盐水和碱液有良好的抗蚀性能。镉污染的主要来源有电镀、采矿、冶炼、燃料、电池等工业。土壤中镉的形态有水溶态、可交换态、碳酸盐态、有机结合态、铁锰氧化态和硅酸盐态。水溶态和可交换态镉可以被植物吸收，并通过食物链进入人体，严重危害植物和人体健康。镉不是人体的必需元素，毒性很大，可在人体内蓄积，主要蓄积在肾脏，会引起泌尿系统功能变化，还会导致骨骼受损，造成骨质疏松和软化。

根据《中国土壤元素背景值》《土壤环境质量　农用地土壤污染风险管控标准（试行）》（GB 15618—

2018）和《土壤环境质量　建设用地土壤污染风险管控标准（试行）》(GB 36600—2018)，铅、镉元素的 A 层土壤背景值的中位值、95% 范围值和管控限值见表 2-1。

本章参照《土壤质量　铅、镉的测定　石墨炉原子吸收分光光度法》(GB/T 17141—1997)，对土壤中铅和镉的分析测定方法进行介绍。石墨炉原子吸收光谱仪见图 2-1。

图 2-1　石墨炉原子吸收光谱仪

一、适用范围

本方法通常适用于土壤中铅和镉的测定。

二、检出限

当取样量为 0.5 g、消解后定容体积为 50 ml 时，铅和镉的方法检出限分别为 0.1 mg/kg 和 0.01 mg/kg（图 2-2）。

表 2-1　铅、镉元素土壤背景和污染管控常用参数值

元素	A层土壤背景值的中位值/(mg/kg)	A层土壤背景值95%范围值/(mg/kg)	土地利用类型	农用地土壤污染风险筛选值/(mg/kg)				农用地土壤污染风险管制值/(mg/kg)				建设用地土壤污染风险筛选值/(mg/kg)		建设用地土壤污染风险管制值/(mg/kg)	
				pH≤5.5	5.5<pH≤6.5	6.5<pH≤7.5	pH>7.5	pH≤5.5	5.5<pH≤6.5	6.5<pH≤7.5	pH>7.5	第一类用地	第二类用地	第一类用地	第二类用地
铅	23.5	10.0~56.1	水田	80	100	140	240	400	500	700	1 000	400	800	800	2 500
			其他	70	90	120	170								
镉	0.079	0.017~0.333	水田	0.3	0.4	0.6	0.8	1.5	2.0	3.0	4.0	20	65	47	172
			其他	0.3	0.3	0.3	0.6								

称样量0.5 g、消解后定容体积为50 ml

铅的方法检出限为0.1 mg/kg

镉的方法检出限为0.01 mg/kg

图 2-2　铅和镉的方法检出限

三、方法原理

（一）消解方法

采用盐酸 - 硝酸 - 氢氟酸 - 高氯酸全消解的方法，彻底破坏土壤的矿物晶格（图 2-3）。

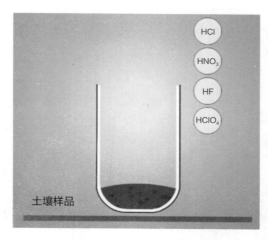

土壤样品

HCl

HNO₃

HF

HClO₄

图 2-3　全消解用酸

（二）石墨炉原子吸收测定方法

将试样引入石墨消解仪，使其中的待测元素完全消解进入试液（图2-4）。

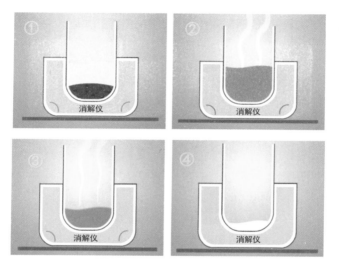

图2-4　石墨消解仪中样品消解示意

消解后的样品放置于石墨炉原子吸收光谱仪前方自动进样器中（图2-5），经进样管进入石墨炉，经过升温控制，使试液干燥、灰化、原子化。

空心阴极灯发射铅和镉特征辐射（图2-6）。原子化后的被测元素吸收特征辐射，经分光后由检测器检测。

图 2-5　石墨炉原子吸收光谱仪自动进样器

图 2-6　石墨炉原子吸收光谱仪空心阴极灯发射装置

样品对空心阴极灯发射的特征辐射产生选择性吸

收。在最佳实验条件下测定吸光度。石墨炉原子吸收测定原理见图 2-7。

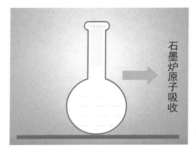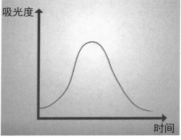

图 2-7　石墨炉原子吸收测定原理

四、试剂材料

本方法使用的试剂主要包括优级纯的盐酸、硝酸、氢氟酸、高氯酸等（图 2-8）。若实验条件允许，可使用高纯化学试剂。重金属标准储备液可以是市售重金属混合标准储备溶液，也可以是单元素标准溶液。

图 2-8　石墨炉原子吸收方法所用主要试剂

优级纯盐酸（HCl）：$\rho=1.19\ g/cm^3$；

优级纯硝酸（HNO_3）：$\rho=1.42\ g/cm^3$；

优级纯氢氟酸（HF）：$\rho=1.49\ g/cm^3$；

优级纯高氯酸（$HClO_4$）：$\rho=1.68\ g/cm^3$；

1+5 硝酸溶液；

硝酸溶液，体积分数为 0.2%。

为避免各种试剂的质量对石墨炉原子吸收法的测定产生影响，实验前应对实验用水、硝酸、盐酸等试剂进行符合性检查，并做好相关记录。因氢氟酸能够溶解玻璃，移取时应使用塑料移液管，以免带入污染。

五、实验步骤

（一）试样消解

本节介绍采用全自动消解仪消解试样的过程与方法，采用盐酸－硝酸－氢氟酸－高氯酸消解体系。称取过孔径为 0.15 mm 筛的土壤干样 0.2～0.5 g，精确到 0.000 1 g。

使用万分之一分析天平称量，天平应检定合格且在检定有效期内使用。称量前检查天平水平装置，保证天平处于水平状态。使用称量纸进行称量（图 2-9），全部转移到烧杯中。样品称量操作应规范，土样应无撒落、无沾污，称量后及时清理天平和台面。按要求填写天平使用记录。

图2-9 样品称量

将称好的土壤样品转移到50 ml聚四氟乙烯消解管中（图2-10），并做好相应编号。

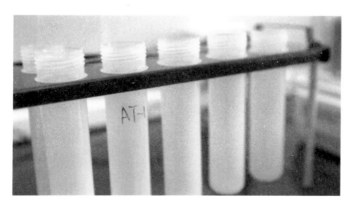

图2-10 样品消解管

准备好消解所用试剂及样品。除消解所用盐酸、硝酸、氢氟酸、高氯酸外，还需准备 5 ml 5% 磷酸氢二铵水溶液及实验用水（图 2-11）。

图 2-11　消解所需全部试剂

加水润湿土壤样品（图 2-12）。在操作过程中，一边旋转消解管，一边向其中加水，保证消解管内壁四周附着的样品均能转移至水中。

图 2-12　润湿土壤样品

将消解管放在全自动消解仪上（图 2-13），按照全自动消解设定程序，设定试剂在线添加、自动摇匀、自动升温等程序（图 2-14），实现对样品的自动消解（图 2-15）。

图 2-13　消解管放于全自动消解仪

图 2-14　设定全自动消解程序

图 2-15　样品自动消解过程

　　全自动消解仪一般放置于通风橱内，且赶酸过程需始终保持通风橱的通风状态。全自动消解仪消解土壤样品的程序可参考表 2-2，由于土壤样品种类很多，所含有机质差异较大，酸的用量和消解时间可根据实际消解程度酌情增减。

表 2-2　全自动消解仪参考程序

步骤	操作内容	操作要求
1	加入 5 ml HCl、10 ml HNO$_3$、 5 ml HF、1 ml HClO$_4$	振荡 30 s
2	加热至 120℃	保持 90 min
3	升温至 160℃	保持 60 min
4	升温至 180℃	保持 45 min
5	冷却至室温	—

赶酸程序也可根据实际情况修改，保证消解过程中赶酸完全，一般白烟冒尽且消解管中内容物呈白色或淡黄色黏稠状即可（图 2-16、图 2-17），防止蒸干。若消解管内壁有黑色碳化物残渣（图 2-18），待冷却后，可补加 2 ml 硝酸、1 ml 氢氟酸和 1 ml 高氯酸重新消解直至黑色残渣消失。消解结束后冷却，备用。

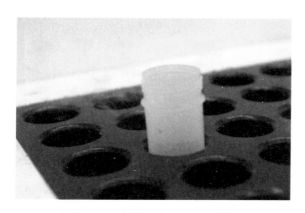

图 2-16　消解管白烟冒尽状态

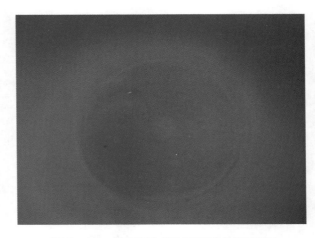

图 2-17　消解后试样呈淡黄色黏稠状

图 2-18　消解后试样中的黑色残渣

　　样品消解后，需加入 5 ml 5% 磷酸氢二铵水溶液，用 2% 的硝酸溶液定容至 25 ml，摇匀，静置待用（图 2-19）。

加入5 ml 5%磷酸氢二铵水溶液，用2%的硝酸溶液定容至25 ml

图 2-19 定容所用试剂

消解液一般呈白色、淡黄色，没有明显的沉淀（图 2-20）。样品消解过程中，必须同时做空白样品。

图 2-20 定容消解后的试样

（二）校准曲线浓度和配制方法

购买的市售铅标准储备液和镉标准储备液，可直接使用硝酸溶液（0.2%）逐级稀释配制标准工作溶液。

标准储备液和标准工作溶液的配制过程如下。

1. 铅标准储备液（0.500 mg/ml）

准确称取 0.500 0 g（本方法要求精确至 0.000 2 g）光谱纯金属铅于 50 ml 烧杯中，加入 20 ml 硝酸溶液（1+5），微热溶解。冷却后转移至 1 000 ml 容量瓶中，用水定容至标线，摇匀。

2. 镉标准储备液（0.500 mg/ml）

准确称取 0.500 0 g（本方法要求精确至 0.000 2 g）光谱纯金属镉于 50 ml 烧杯中，加入 20 ml 硝酸溶液（1+5），微热溶解。冷却后转移至 1 000 ml 容量瓶中，用水定容至标线，摇匀。

3. 铅和镉混合标准工作溶液（铅 250 μg/L、镉 50 μg/L）

临用前将铅和镉混合标准储备液用硝酸溶液（0.2%）逐级稀释配制。

使用金属配制标准工作溶液，长期储存可能产生沉淀，或由于氢氧化和碳酸化而被容器壁吸附，从而使溶液浓度发生改变。储存标准工作溶液要避免阳光照射，也不要存储在寒冷的地方。标准工作溶液可以现用现配。若需保存，可置于冰箱中 0~4℃冷藏（图 2-21），但不应超过 1 个月。

图 2-21　标准工作溶液储存于冰箱

4. 校准曲线质量浓度和配制方法

校准曲线质量浓度和配制方法可参考表 2-3，按表中质量浓度配制各标准曲线。

表 2-3　铅、镉校准曲线质量浓度和配制方法

元素	校准曲线质量浓度 /（μg/L）	校准曲线配制方法
铅	0.0、5.0、10.0、20.0、30.0、50.0	准确移取一定量的标准工作溶液至 25 ml 容量瓶中，加入 3 ml 5% 的磷酸氢二铵水溶液，用 0.2% 的硝酸溶液定容至标线
镉	0.0、1.0、2.0、4.0、6.0、10.0	

按照标准方法要求配制校准曲线（图 2-22、图 2-23）。

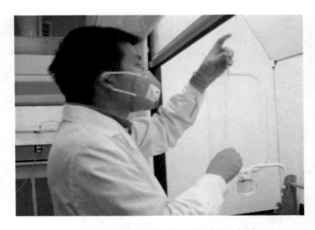

图 2-22　配制校准曲线移取溶液

图 2-23　定容校准曲线浓度

　　校准曲线须为一次曲线，且相关系数≥0.999。校准曲线浓度可根据仪器线性范围及消解试液的实际浓度值进行调整，应使测定值位于校准曲线的中间位置。

　　配制校准曲线所使用的定量器具需要经过检定，贴有检定标签。测定校准曲线时，一般每做 10 个样品后，需使用曲线中间点或有证标准样品对曲线进行校准，如不满足要求时，需要重新调试仪器，并对校准曲线进行重新测定。

（三）石墨炉原子吸收光谱仪操作

依次打开实验室排风设备、空气压缩机、氩气气瓶，调节压力气瓶出口压力为 0.1 MPa。安装好空心阴极灯，打开计算机、仪器电源，启动工作站软件。

①进样前检查进样针位置是否合适。石墨炉原子吸收器若配备自动进样器，可选择厂家推荐的进样量，一般为 20 μl。自动进样针的调节至关重要（图 2-24），主要有两个方面，一是自动进样针应在石墨管进样口的同心圆位置，二是自动进样针进入石墨管位置的深浅。进样针位置若调节不好将不能顺利进入石墨管，进样针在石墨管中位置的深浅对测试结果的精密度影响很大。

图 2-24　调节进样针位置

②测定前检查系统空白，可空烧以清洁石墨管
（图 2-25）。石墨管使用寿命将尽时，测量的灵敏度和
精密度都会降低，应及时更换。

图 2-25　空烧石墨管示意

③通过软件设置，点亮元素灯进行预热。通常情
况下，预热 10 min 后方可进行测量。预热期间，选择
合适的仪器参数，如灯电流及干燥、灰化、原子化的
温度和时间等（图 2-26）。

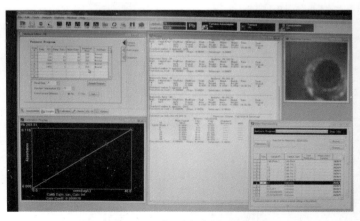

图 2-26　设定测定方法参数界面

仪器最佳条件选择包括以下几方面：吸收波长的选择；原子化工作条件的选择（干燥、灰化、原子化、净化的温度）；空心阴极灯工作条件的选择（包括预热时间、工作电流等）；石墨炉操作条件的选择（进样针的位置和基体改进剂的选择）；光谱通带的选择；检测器光电倍增管工作条件的选择。

最佳波长的选择，测定时一般选择主灵敏线，但当被测元素含量较高或主灵敏线附近存在干扰时，也可以选用次灵敏线。

可根据所测样品的类型，判断是否需要加入基体改进剂、选择所加基体改进剂的种类，调整干燥、灰化、原子化、净化的温度，达到最优实验条件。由于土壤基体比较复杂、干扰物较多，若温度过低则不能净化完全，表现为样品测定值越来越低，因此推荐净化温度不低于 2 500 ℃。

④选择合适的扣除背景模式。

⑤测定校准曲线空白，空白实验中若发现有检出，需认真查找原因。

⑥从低到高测定校准曲线，拟合校准曲线，相关系数应≥0.999。然后依次测定样品溶液浓度，若样品测定值超出校准曲线上限，需稀释后再测定。样品浓度稀释到校准曲线中间点附近为宜。若有基体干扰，

可考虑采用标准加入法定量。注意：氩气不纯会造成标准曲线线性不好或积分异常，使石墨管寿命减少；高纯度氩气的纯度应≥99.999%。

⑦测试结束，关闭元素灯，打印原始数据，然后退出工作站软件，关闭仪器电源，拧紧氩气钢瓶气阀、关闭空气压缩机并排气。

六、结果计算与表示

土壤样品中重金属的含量 w（mg/kg）按式（2-1）计算：

$$w = \frac{\rho \times V}{m \times w_{dm}} \qquad （2\text{-}1）$$

式中：ρ——试液的吸光度减去空白样品的吸光度，然后通过校准曲线计算得到的重金属的含量，mg/L；

V——试液定容的体积，ml；

m——称取试样的重量，g；

w_{dm}——样品干物质含量，%。

七、质量保证与质量控制

①样品测试时，每分析 20 个样品后须进行曲线中间点标准溶液检查，其测定结果与近一次校准核点浓

度的相对误差不大于 10%，超过此范围应重新绘制标准曲线。

②应根据标准方法的规定，对方法的精密度和准确度进行确认，并做一定比例的质量控制样品，每批样品一般做 10% 质控平行双样（样品数小于 10 个时应测定一个平行双样）。每 20 个样品或每批次（每批少于 20 个样品）应同时测定 1 个有证标准样品，测定结果须在相对误差范围内。

③每批样品须测定 1～2 个含目标元素的标准物质，测定结果须在可以接受的范围内。目标元素无标准物质时，可选择样品加标或空白基质加标，每批样品可测定 10% 的加标样品，样品数小于 10 个时，至少测定一个加标样。

④样品预处理和测定所使用的容器清洗干净后，一般以 10%～50% 稀硝酸浸泡 24 h（因汞极易污染容器，建议使用独立酸缸），再以自来水冲洗、去离子水反复清洗，以降低空白背景值。

如果样品测试任务中有具体的质量控制要求，在不低于方法要求的前提下，可按具体的质量控制要求执行。

八、仪器的日常维护

应对石墨炉原子吸收光谱仪进行必要的日常维护。

①定期检查冷凝水机，及时更换蒸馏水（图 2-27、图 2-28 ）。

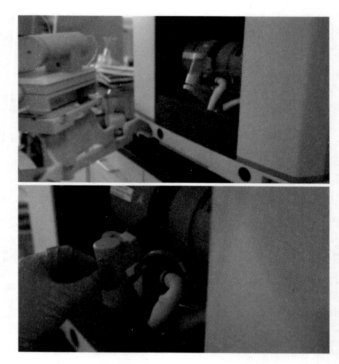

图 2-27　打开石墨炉管路示意

图 2-28　检查冷凝水机

②定期清理石墨炉部分（图2-29）。

图2-29　清理石墨炉部分

③定期检查气体管路是否漏气（图2-30）。

图2-30　检查气体管路

④仪器不可长期搁置，每月至少通电运行一次。每次维护后，应填写仪器维护记录。

九、注意事项

①石墨炉原子吸收光谱仪、电子天平及玻璃量器应经检定或校准合格后使用。

②使用天平称量样品之前，应注意天平的预热、水平、调零和校准。

③土壤样品的制备质量直接影响样品测试质量。如果制备样品前对整体样品进行分样，应注意将整体样品混合均匀后再分样，以保持样品的代表性；制样过程中不得随意丢弃大颗粒土壤样品，应全样制备，避免损失代表性；制备样品总量还应包括质量控制样品用量；样品混合不均匀或粒径过大，都可能影响平行测定结果。

④原则上，自行配制标准储备液除采用纯金属外，也可以采用其他方法，例如用适宜的盐类或氧化物等，应不要引入本方法的干扰因素，并注意量值溯源和操作规范，以保证标准储备液的配制质量。

第三章 火焰原子吸收法测定土壤中铜、锌、铅、镍和铬

DISANZHANG HUOYAN YUANZI XISHOUFA CEDING TURANG ZHONG TONG、XIN、QIAN、NIE HE GE

铜（Cu）是一种质地稍硬，极坚韧，耐磨损，有很好延展性、导热性和导电性的金属。铜在干燥的空气里很稳定，但在潮湿的空气里其表面可以生成一层绿色的碱式碳酸铜，也叫铜绿。铜不能与稀盐酸或稀硫酸作用产生氢气，但在空气中铜可以缓慢溶解于稀酸中生成铜盐，铜容易被硝酸或热浓硫酸等氧化，常温下铜就能与卤素直接化合，加热时铜能与硫直接化合生成 CuS。铜污染的主要来源是铜锌矿的开采和冶炼、金属加工、机械制造、钢铁生产等。铜是生命所必需的微量元素，但过量的铜对人和动物、植物会造成危害。铜能促进电子转移，促进氧化反应，但机体铜过多可增加活性氧的产生，从而对细胞造成伤害。

锌（Zn）是一种浅灰色的过渡金属，在室温下较脆，100～150℃时变软，超过200℃后，又变脆。锌是负电性金属，易溶于盐酸、稀硫酸和碱性溶液中，也易从溶液中置换某些金属，如金、银、铜和镉等。锌的主要化合物为硫化锌、氧化锌、硫酸锌和氯化锌。这类污染的主要来源是采矿场、合金厂、机器制造厂、镀锌厂、仪器仪表厂等。锌是人体必需的微量元素，但过量的锌会削弱人体免疫功能，导致缺铁性贫血，影响消化系统功能，造成大、中血管损害，促发幼儿性早熟。锌的毒性对鱼类和其他水生生物来说比对人和温血动物高很多。过量的锌会使土壤酶失去活性，使土壤中的细菌数目减少，减弱土壤中的微生物作用。

镍（Ni）是一种银白色金属，中等硬度，具有良好的机械强度和延展性。镍不溶于水，耐高温，对酸和碱的抗腐蚀能力很强，但易溶于稀硝酸和王水。冶炼镍矿石时，部分矿粉会随气流进入大气，在焙烧过程中有镍及其化合物排出，主要为不溶于水的硫化镍、氧化镍和金属镍粉尘等。镍可以在土壤中富集，土壤中的镍主要来源于岩石风化、大气降尘、灌溉用水（包括含镍废水）、农田施肥、植物和动物残体的腐烂等。植物生长和农田排水又可从土壤中带走镍。镍可引起口腔炎、牙龈炎和急性胃肠炎。镍及其化合物对人的皮肤黏膜和呼吸道有强烈的刺激作用，会引起皮炎和气管炎，甚至还会引起肺炎。通过实验以及观察表明，镍还会积存在人体器官中，在肺、脾、肝中积存最多，很可能会诱发鼻咽癌和肺癌。

铬（Cr）是一种银白色金属，极硬，耐腐蚀。金属铬在酸中一般以表面钝化为特征，去钝化后，极易溶解于绝大多数的酸中。铬污染来自于铬矿冶炼、耐火材料、电镀、制革、颜料生产等工业以及燃料燃烧排出的含铬废气、废水及废渣等。六价铬以水、空气和食物为媒介进入人体，室内尘埃与土壤中也有六价铬，它们也可能会被摄入人体内。六价铬是明确的有害元素，它可以通过消化道、呼吸道、皮肤和黏膜侵入人体，在体内主要积聚在肝、肾和内分泌腺中。通过呼吸道进入人体的铬易积存在肺部。摄入超大剂量的铬会导致肾脏和肝脏的损伤以及恶心、胃肠道不适、胃溃疡、肌肉痉挛等症状，严重时会使循环系统衰竭，失去知觉，甚至死亡。长期接触六价铬的父母还可能给其子代的智力发育带来不良影响。

铅元素性状等见第二章。

根据《中国土壤元素背景值》《土壤环境质量　农用地土壤污染风险管控标准（试行）》（GB 15618—2018）和《土壤环境质量　建设用地土壤污染风险管控标准（试行）》（GB 36600—2018），铜、锌、镍和铬元素的 A 层土壤背景值的中位值、95% 范围值和管控限值见表 3-1。

表3-1 铬、铜、锌、镍和铬元素土壤背景和污染管控常用参数值

元素	A层土壤背景值的中位值/（mg/kg）	A层土壤背景值的95%范围值/（mg/kg）	土地利用类型	农用地土壤污染风险筛选值/（mg/kg）				农用地土壤污染风险管制值/（mg/kg）				建设用地土壤污染风险筛选值/（mg/kg）		建设用地土壤污染风险管制值/（mg/kg）	
				pH≤5.5	5.5<pH≤6.5	6.5<pH≤7.5	pH>7.5	pH≤5.5	5.5<pH≤6.5	6.5<pH≤7.5	pH>7.5	第一类用地	第二类用地	第一类用地	第二类用地
铬	57.3	19.3~150.2	水田	250	250	300	350	800	850	1 000	1 300	—	—	—	—
			其他	150	150	200	250	—	—	—	—	—	—	—	—
铜	20.7	7.3~55.1	果园	150	150	200	200	—	—	—	—	2 000	18 000	8 000	36 000
			其他	50	50	100	100	—	—	—	—	—	—	—	—
镍	24.9	7.7~71.0	—	60	70	100	190	—	—	—	—	150	900	600	2 000
锌	68.0	28.4~161.1	—	200	200	250	300	—	—	—	—	—	—	—	—
铬（六价）	—		—	—	—	—	—	—	—	—	—	3.0	5.7	30	78

本章参照《土壤和沉积物 铜、锌、铅、镍、铬的测定 火焰原子吸收分光光度法》(HJ 491—2019)，对土壤和沉积物中铜、锌、铅、镍和铬的分析测定方法进行介绍。

一、适用范围

本方法（火焰原子吸收法，使用的火焰原子吸收光谱仪见图 3-1）通常适用于土壤和沉积物中铜、锌、铅、镍和铬的测定。

图 3-1 火焰原子吸收光谱仪

二、检出限

当取样量为 0.2 g、消解后的定容体积为 25 ml 时，铜、锌、铅、镍和铬的方法检出限分别为 1 mg/kg、1 mg/kg、10 mg/kg、3 mg/kg 和 4 mg/kg（图 3-2）。

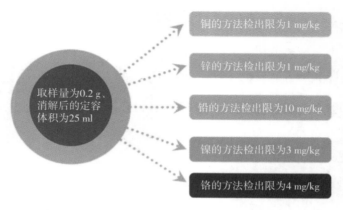

图 3-2 铜、锌、铅、镍和铬的方法检出限

当取样量为 0.2 g、消解后的定容体积为 25 ml 时，铜、锌、铅、镍和铬的方法测定下限分别为 4 mg/kg、4 mg/kg、40 mg/kg、12 mg/kg 和 16 mg/kg（图 3-3）。

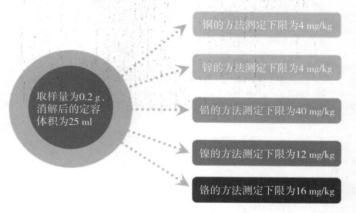

图 3-3 铜、锌、铅、镍和铬的方法测定下限

三、方法原理

样品经火焰原子吸收光谱仪进样管、喷雾器进入

雾化器，变成小液滴后进入燃烧头中，在火焰燃烧下，使被测元素原子化（图3-4）。

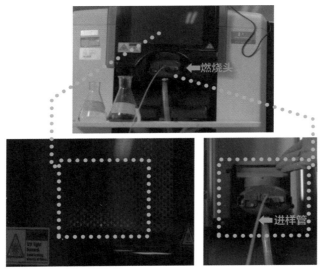

图 3-4　火焰原子吸收光谱仪进样及燃烧示意

空心阴极灯发射特征辐射（图3-5）。原子化后的被测元素吸收特征辐射，经分光后，由检测器检测。

图 3-5　火焰原子吸收光谱仪空心阴极灯发射装置示意

测试样品对空心阴极灯发射的特征辐射产生选择性吸收（图3-6）。在最佳实验条件下，检测器检测其光谱能量的强弱，给出吸光度值，进而判断物质中待测元素含量的高低（图3-7）。

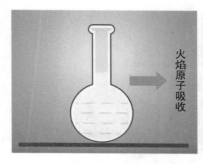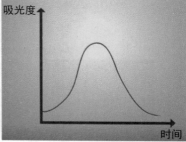

图 3-6　火焰原子吸收测定原理

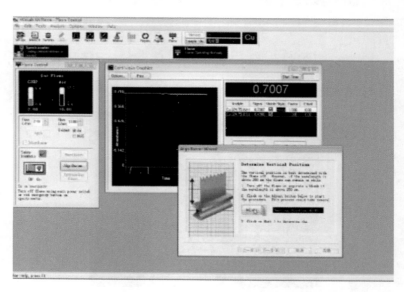

图 3-7　火焰原子吸收测定元素吸光度值界面

四、试剂材料

本方法要求使用的试剂为国家标准的优级纯试剂，主要包括盐酸、硝酸、氢氟酸、高氯酸及光谱纯金属铜、金属锌、金属铅、金属镍和金属铬。若实验条件允许，可使用高纯化学试剂，重金属标准储备液可以是市售重金属混合标准储备溶液，也可以是单元素标准溶液。

优级纯盐酸（HCl）：ρ=1.19 g/cm³；

优级纯硝酸（HNO₃）：ρ=1.42 g/cm³；

优级纯氢氟酸（HF）：ρ=1.49 g/cm³；

优级纯高氯酸（HClO₄）：ρ=1.68 g/cm³；

盐酸溶液：1+1；

硝酸溶液：1+1；

硝酸溶液：1+99；

高纯乙炔：≥99.9%。

五、实验步骤

（一）试样消解

1. 石墨电热消解法

将全自动石墨电热消解仪放置于通风橱内，赶酸过程始终保持在通风橱中进行。称取 0.2～0.3 g（本方法要求精确至 0.1 mg）样品于消解管中，用少量水润湿。消解过程升温至 100℃时，首先加入 5 ml 盐酸加热 45 min，然后加入 9 ml 硝酸加热 30 min，再加入 5 ml 氢氟酸加热 30 min，稍冷后，加入 1 ml 高氯酸，加盖于 120℃加热 3 h，开盖，于 150℃赶酸加热至冒白烟，加热时需摇动消解管。

赶酸程序可根据实际情况修改，保证消解过程赶酸完全，一般白烟冒尽且消解管中内容物呈白色或淡黄色黏稠状即可，防止蒸干或焦糊。若消解管内壁有黑色碳化物，加入 0.5 ml 高氯酸，加盖继续加热至黑色碳化物消失，开盖并继续于 160℃加热赶酸至内容物呈不流动的液珠状（趁热观察）。加入 3 ml 硝酸溶液，温热溶解可溶性残渣，全量转移至 25 ml 容量瓶中，用硝酸溶液定容至标线，摇匀，保存于聚乙烯瓶中，静置，取上清液待测，于 30 d 内完成分析。

2. 电热板消解法

称取 0.2～0.3 g（精确至 0.1 mg）样品于 50 ml 聚四氟乙烯坩埚中，用少量水润湿后加入 10 ml 盐酸，于通风橱内电热板上升温至 90～100℃，使样品初步分解，待消解液蒸发至剩余约 3 ml 时，加入 9 ml 硝酸，加盖加热至无明显颗粒，加入 5～8 ml 氢氟酸，开盖，于 120℃加热飞硅 30 min，稍冷后，加入 1 ml 高氯酸，于 150～170℃加热至冒白烟，加热时应经常摇动坩埚。

若坩埚壁上有黑色碳化物，加入 1 ml 高氯酸加盖继续加热至黑色碳化物消失，开盖加热赶酸至内容物呈不流动的液珠状（趁热观察）。加入 3 ml 硝酸溶液，温热溶解可溶性残渣，全量转移至 25 ml 容量瓶中，用硝酸溶液定容至标线，摇匀，保存于聚乙烯瓶中，静置，取上清液待测，于 30 d 内完成分析。

3. 微波消解法

准确称取 0.2～0.3 g（精确至 0.1 mg）样品于消解管中，用少量水润湿后加入 3 ml 盐酸、6 ml 硝酸、2 ml 氢氟酸，按照 HJ 832 消解方法消解样品。试样定容后，保存于聚乙烯瓶中，静置，取上清液待测，于 30 d 内完成分析。

（二）校准曲线浓度和配制方法

购买的市售铜、锌、铅、镍和铬标准储备液，可直接使用硝酸溶液（0.2%）经逐级稀释配制标准工作溶液。

校准曲线使用的自行配制的标准储备液和标准工作溶液的配制过程如下：

1. 铜标准储备液（1 000 mg/L）

准确称取 1.000 0 g（精确至 0.1 mg）纯金属铜，

加入 30 ml 硝酸溶液（1+1），加热溶解。冷却后转移至 1 000 ml 容量瓶中，用水定容至标线，摇匀。

2. 锌标准储备液（1 000 mg/L）

准确称取 1.000 0 g（精确至 0.1 mg）纯金属锌，加入 40 ml 盐酸溶液（1+1），加热溶解。冷却后转移至 1 000 ml 容量瓶中，用水定容至标线，摇匀。

3. 铅标准储备液（1 000 mg/L）

准确称取 1.000 0 g（精确至 0.1 mg）纯金属铅，加入 30 ml 硝酸溶液（1+1），加热溶解。冷却后转移至 1 000 ml 容量瓶中，用水定容至标线，摇匀。

4. 镍标准储备液（1 000 mg/L）

准确称取 1.000 0 g（精确至 0.1 mg）纯金属镍，加入 30 ml 硝酸溶液（1+1），加热溶解。冷却后转移至 1 000 ml 容量瓶中，用水定容至标线，摇匀。

5. 铬标准储备液（1 000 mg/L）

准确称取 1.000 0 g（精确至 0.1 mg）纯金属铬，加入 30 ml 盐酸溶液（1+1），加热溶解。冷却后转移至 1 000 ml 容量瓶中，用水定容至标线，摇匀。

6. 铜、锌、铅、镍和铬（100 mg/L）标准工作溶液

分别准确移取铜、锌、铅、镍和铬标准储备液 10.00 ml 于 100 ml 容量瓶中，用硝酸溶液定容至标线，摇匀。

原则上，自行配制标准储备液也可以使用适宜的盐类或氧化物等，应注意不要引入本方法的干扰因素，并注意量值溯源和操作规范，以保证标准溶液的质量。

标准工作溶液可以现用现配，若需保存，可贮存于聚乙烯瓶中置于冰箱中 0～4℃冷藏避光保存，有效期 1 年。市售标准储备液一般是符合国家标准的金属的酸性或碱性溶液。这些标准溶液的保质期一般为 1～2 年。

按照标准方法要求配制校准曲线，校准曲线浓度和配制方法参照表 3-2。

表 3-2　铜、锌、铅、镍和铬校准曲线质量浓度及配制方法

元素	校准曲线质量浓度 /（mg/L）	校准曲线配制方法
铜	0.00、0.10、0.50、1.00、3.00、5.00	准确移取一定量的标准工作溶液至 100 ml 容量瓶中，用硝酸溶液（1+99）定容至标线
锌	0.00、0.10、0.20、0.30、0.50、0.80	
铅	0.00、0.50、1.00、5.00、8.00、10.00	
镍	0.00、0.10、0.50、1.00、3.00、5.00	
铬	0.00、0.10、0.50、1.00、3.00、5.00	

（三）火焰原子吸收光谱仪操作

依次打开实验室排风设备、空气压缩机、乙炔气瓶，调节压力气瓶出口压力为 0.1 MPa（图 3-8）。

图 3-8　调节压力

安装好空心阴极灯（图 3-9），打开计算机、仪器电源。启动工作站软件。

图 3-9　安装空心阴极灯

通过软件设置，点亮元素灯进行预热（图 3-10），通常情况下预热 10 min 后方可测量。预热期间，可编辑测定方法（图 3-11），打开方法编辑器，选择待测元素，设置元素波长、光谱通带、灯电流、火焰类型、工作曲线相关信息，并选择扣除背景模式。通常采用表 3-3 中的测量条件。原则上一般选择主灵敏线，但当被测元素含量较高或主灵敏线附近存在干扰时，也可以选用次灵敏线。

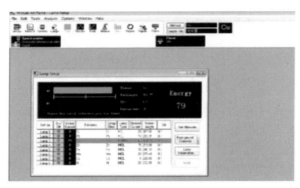

图 3-10　点亮预热元素灯设置界面

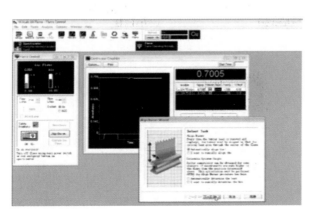

图 3-11　编辑测定方法参数设置界面

表 3-3　仪器参考测量条件

元素	光源	灯电流 / mA	测定波长 / nm	通带宽度 / nm	火焰类型
铜	锐线光源（铜空心阴极灯）	5.0	324.7	0.5	中性
锌	锐线光源（锌空心阴极灯）	5.0	213.0	1.0	中性
铅	锐线光源（铅空心阴极灯）	8.0	283.3	0.5	中性
镍	锐线光源（镍空心阴极灯）	4.0	232.0	0.2	中性
铬	锐线光源（铬空心阴极灯）	9.0	357.9	0.2	还原性

　　预热结束后，点击点火窗口（图 3-12），按照仪器说明，调节燃烧头高度（图 3-13），以便选取适宜的火焰部位进行测量。为了改变吸收光程，扩大测量浓度范围，燃烧器可旋转一定角度，使待测元素达到最佳灵敏度。

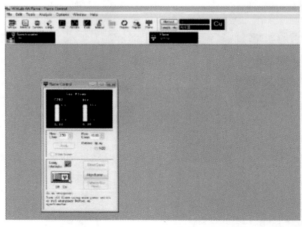

图 3-12　点火界面

图 3-13　调节燃烧头位置示意

待火焰稳定后进行测定。应测定校准曲线空白，从低到高测定校准曲线，拟合校准曲线，校准曲线的相关系数应≥0.999。随后依次测定样品溶液浓度，若样品测定值超出校准曲线上限，需稀释后再测定。稀释到校准曲线中间点附近为宜。

测定结束后，将进样管放入2%的硝酸溶液中清洗 5 min（图 3-14），再放入实验用水中清洗 5 min，排空液体后熄火（图 3-15）。

关闭元素灯（图 3-16），打印原始数据，然后退出工作站软件，关闭仪器电源。拧紧乙炔钢瓶气阀、关闭空气压缩机并排气。操作仪器时一定要注意熄火和关气顺序，以免造成回火，导致事故发生。

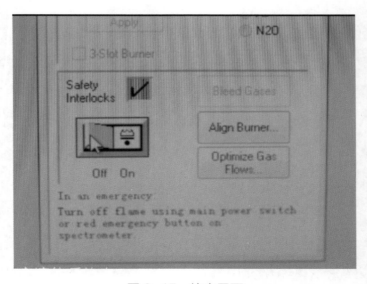

图 3-14　清洗仪器操作示意

图 3-15　熄火界面

AA					Element:		Cu		
					Wavelength:		324.75		
BG					Slit		0.7		
					Current (mA):		0		
Status: Idle									

Set Up	On / Off	Actual Current	Elements	Setup Elem	Lamp Type	Desired Current	Wave- length	Slit
Lamp 1	◎	0	Ca	Ca	HCL	6	422.67	0.7
Lamp 2	◎	0	Cu	Cu	C-HCL	15	324.75	0.7
Lamp 3	◎	0	Mg	Mg	HCL	6	285.21	0.7
Lamp 4	◎	0	Zn	Zn	HCL	15	213.86	0.7
Lamp 5	◎	0	Mn	Mn	HCL	12	279.48	0.2
Lamp 6	◎	0	Ni	Ni	HCL	25	232.00	0.2

图 3-16　关闭元素灯界面

　　将测定过程中的废液倒入废液桶中（图 3-17），
填写分析测试原始记录和仪器使用记录。

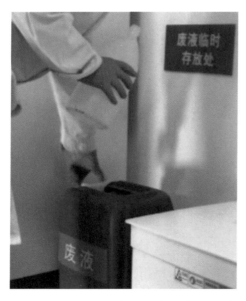

图 3-17　处置测定过程中产生的废液

六、结果计算与表示

土壤样品中元素的含量 w_i（mg/kg）按式（3-1）计算。

$$w_i = \frac{(\rho_i - \rho_{0i}) \times V}{m \times w_{dm}} \qquad (3\text{-}1)$$

式中：w_i——土壤中元素的质量分数，mg/kg；

ρ_i——试样中元素的质量浓度，mg/L；

ρ_{0i}——空白试样中元素的质量浓度，mg/L；

V——消解后试样的定容体积，ml；

m——土壤样品的称样量，g；

w_{dm}——土壤样品的干物质含量，%。

沉积物样品中元素的含量 w_i（mg/kg）按式（3-2）计算。

$$w_i = \frac{(\rho_i - \rho_{0i}) \times V}{m \times (1 - w_{H_2O})} \qquad (3\text{-}2)$$

式中：w_i——沉积物中元素的质量分数，mg/kg；

ρ_i——试样中元素的质量浓度，mg/L；

ρ_{0i}——空白试样中元素的质量浓度，mg/L；

V——消解后试样的定容体积，ml；

m——沉积物样品的称样量，g；

w_{H_2O}——沉积物样品的含水率，%。

七、质量保证与质量控制

①校准曲线相关系数应≥0.999。

②每批样品至少做 2 个实验室空白，空白中锌的测定结果应低于测定下限，其余元素的测定结果应低于方法检出限。

③样品测试时，应根据标准方法的规定，对方法的精密度进行确认，并做一定比例的质量控制样品，每 20 个样品或每批次（每批少于 20 个样品）应分析 1 个平行样，平行样测定结果相对偏差应≤20%。

④每 20 个样品或每批次（每批少于 20 个样品）分析结束后，应进行标准系列零浓度点和中间浓度点核查。零浓度点测定结果应低于方法检出限，中间浓度测定值与标准值的相对误差应在 ±10% 以内。

⑤样品测试时，应根据标准方法的规定，对方法的准确度进行确认，每 20 个样品或每批次（每批少于 20 个样品）应同时测定 1 个有证标准样品，其测定结果与保证值的相对误差应在 ±15% 以内；每 20 个样品或每批次（每批少于 20 个样品）应分析 1 个基体加标样品，加标回收率应在 80%～120%。

⑥实验过程中注意观察火焰状态和吸光度变化，以便及时发现问题。

⑦铬易形成耐高温的氧化物，其原子化效率受火焰状态和燃烧器高度的影响较大，需使用富燃性（还原性）火焰。另外，铬的化合物在火焰中易生成难熔融和原子化的氧化物，一般在试液中加入适当的氯化铵增加火焰中的氯离子，使铬生成易于挥发和原子化的氯化物，同时也能抑制铁、钴、镍、钒、铝、镁和铅等共存离子的干扰。

⑧在保持样品代表性的同时应注意样品制备质量，这也是保证样品测试质量的重要因素。参见第二章注意事项。

如果样品测试任务中有具体的质量控制要求，在不低于方法要求的前提下，可按具体的质量控制要求执行。

八、仪器的日常维护

应对火焰原子吸收光谱仪进行必要的日常维护：

①每次测试结束后及时处理和清洗仪器（图3-18）。

②注意观察仪器排水情况，实验时间过长会使水中杂质堵塞滤网，导致排水不畅，影响实验结果，应及时对滤网进行清污。每次测定结束后及时排空空气压缩机中的空气（图3-19），防止积水。

图 3-18　清洗仪器

图 3-19　排空空气压缩机中的空气

　　③每周检查空气过滤器，若有积水要及时晾干
（图 3-20 ）。

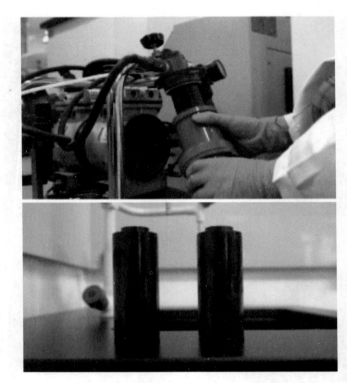

图 3-20　检查并晾干空气过滤器

　　④定期检查进样系统，检查进样毛细管，由于毛细管较细，容易被样品堵住，造成样品无法被吸入。进样时要注意观察毛细管进液情况、火焰状态和吸光度的变化，以便及时发现堵塞情况。此外，应经常检查雾化器和燃烧头是否有堵塞现象，燃烧器上易残存污染物，会出现锯齿形、缺口形等非正常火焰，一旦发生应立即停止实验，取下燃烧器并对其进行清洗，可先用纸擦拭或者用 2% 硝酸溶液浸泡（图 3-21）。

图 3-21　检查并清洗燃烧头

⑤定期检查气体管路是否存在漏气。

⑥仪器不可长期搁置，每月至少应通电运行一次，每次维护后，填写仪器维护记录。

第四章 微波消解原子荧光法测定
土壤中汞、砷、硒、铋和锑

汞（Hg）是一种密度大、银白色、室温下为液态的过渡金属，在所有金属元素中汞的液态温度范围最小。汞及其化合物属于剧毒物质，可在人体内蓄积。进入水体的无机汞离子可转变为毒性更大的有机汞，经食物链进入人体，引起全身中毒。仪表制作、食盐电解、贵金属冶炼、温度计制作及军工等行业的废水中可能存在汞，汞是我国实施排放总量控制的指标之一。

砷（As），单质以灰砷、黑砷和黄砷这三种同素异形体的形式存在。砷是人体非必需元素，元素砷的毒性较低，而砷的化合物均有剧毒。砷会通过呼吸道、消化道和皮肤接触进入人体，如摄入量超过代谢量，就会在人体内蓄积，引起慢性砷中毒。此外，砷还会致癌。在一般情况下，土壤、水、空气、植物和人体都含有微量的砷，但不会对人体健康构成危害。砷污染来源于采矿、冶金、化工、化学制药、农药生产、纺织、玻璃和制革等行业的废水，砷是我国实施排放总量控制的指标之一。

硒（Se）是一种微量元素，晶体中以灰色六方晶系最为稳定。硒是动物体必需的营养元素和对植物有益的营养元素，但其有益性和致毒性之间的界限很窄，过量的硒会引起人体中毒，使人出现脱发、掉指甲、四肢发麻甚至偏瘫等病症。土壤中的硒污染主要来源于硒矿的开采、冶炼、炼油、精炼铜、硫酸制造及特种玻璃制造等行业。

锑（Sb）是一种有金属光泽的类金属，在自然界中主要以三价、五价、负三价形式存在，负三价锑的氢化物毒性剧烈。土壤中的锑污染主要来源于选矿、冶金、电镀、制药、铅字印刷和皮革等行业。

铋（Bi）是一种有毒元素，其化学性质较稳定，主要累积于哺乳动物的肾脏，造成病变。土壤中的铋污染主要来源于有色金属的开采及金属冶炼等行业。

根据《中国土壤元素背景值》《土壤环境质量　农用地土壤污染风险管控标准（试行）》（GB 15618—2018）和《土壤环境质量　建设用地土壤污染风险管控标准（试行）》（GB 36600—2018），汞、砷、硒、锑和铋元素的 A 层土壤背景值的中位值、95% 范围值和管控常用参数见表 4-1。

表4-1 汞、砷、硒、锑和铋元素土壤背景及污染管控常用参数值

元素	A层土壤背景值的中位值/(mg/kg)	A层土壤背景值95%范围值/(mg/kg)	土地利用类型	农用地土壤污染风险筛选值/(mg/kg)				农用地土壤污染风险管制值/(mg/kg)				建设用地土壤污染风险筛选值/(mg/kg)		建设用地土壤污染风险管制值/(mg/kg)	
				pH≤5.5	5.5<pH≤6.5	6.5<pH≤7.5	pH>7.5	pH≤5.5	5.5<pH≤6.5	6.5<pH≤7.5	pH>7.5	第一类用地	第二类用地	第一类用地	第二类用地
汞	0.038	0.006~0.272	水田	0.5	0.5	0.6	1.0	2.0	2.5	4.0	6.0	8	38	33	82
			其他	1.3	1.8	2.4	3.4								
砷	9.6	2.5~33.5	水田	30	30	25	20	200	150	120	100	20	60	120	140
			其他	40	40	30	25								
硒	0.207	0.047~0.993	—	—	—	—	—	—	—	—	—	—	—	—	—
锑	1.07	0.38~2.98	—	—	—	—	—	—	—	—	—	20	180	40	360
铋	0.31	0.12~0.88	—	—	—	—	—	—	—	—	—	—	—	—	—

本章参照《土壤和沉积物　汞、砷、硒、铋、锑的测定　微波消解／原子荧光法》（HJ 680—2013），对土壤和沉积物中汞、砷、硒、铋和锑的分析测定方法进行介绍。

一、适用范围

本方法（原子荧光法）通常适用于土壤和沉积物中汞、砷、硒、铋和锑的测定（图4-1）。

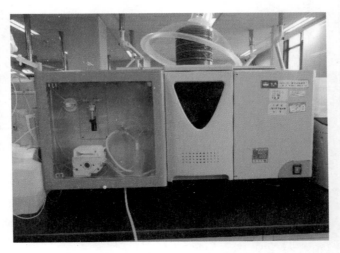

图4-1　原子荧光光度计

二、检出限

当取样量为 0.5 g 时，汞、砷、硒、铋和锑的方法检出限分别为 0.002 mg/kg、0.01 mg/kg、0.01 mg/kg、0.01 mg/kg、0.01 mg/kg（图4-2）。

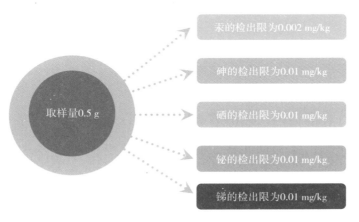

图 4-2　汞、砷、硒、铋和锑的方法检出限

　　当取样量为 0.5 g 时，汞、砷、硒、铋和锑的方法测定下限分别为 0.008 mg/kg、0.04 mg/kg、0.04 mg/kg、0.04 mg/kg、0.04 mg/kg（图 4-3）。

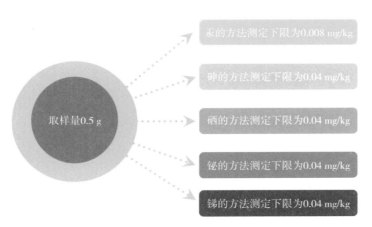

图 4-3　汞、砷、硒、铋和锑的方法测定下限

三、方法原理

（一）消解方法

采用盐酸－硝酸微波消解的方法，使试样中的汞、砷、硒、铋和锑元素全部进入试液。

（二）原子荧光测定方法

将样品引入原子荧光光度计中，在硼氢化钾溶液还原作用下，汞被还原为原子态，砷、硒、铋和锑分别生成砷化氢、硒化氢、铋化氢、锑化氢气体，在氩氢火焰中形成基态原子，在汞、砷、硒、铋和锑元素灯发射光的激发下产生原子荧光，荧光强度与试液中的元素含量成正比。

四、试剂材料

本方法使用的试剂主要包括优级纯的盐酸、硝酸、氢氧化钾、硼氢化钾、硫脲、抗坏血酸等（图4-4），标准储备液可以是市售单元素标准溶液。

优级纯盐酸（HCl）：$\rho=1.19 \ g/cm^3$；

优级纯硝酸（HNO_3）：$\rho=1.42 \ g/cm^3$；

优级纯氢氧化钾；

优级纯硼氢化钾；

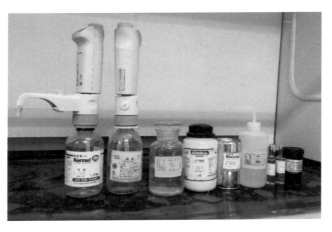

图 4-4 原子荧光法所用主要试剂材料

硫脲和抗坏血酸混合溶液；

盐酸溶液：5+95；

硝酸溶液：1+1；

硼氢化钾溶液 A（ρ=10 g/L）：称取 0.5 g 氢氧化钾放入盛有 100 ml 实验用水的烧杯中，用玻璃棒搅拌待氢氧化钾完全溶解后再加入称好的 1.0 g 硼氢化钾，搅拌溶解。此溶液应当日配制，用于汞的测定。

硼氢化钾溶液 B（ρ=20 g/L）：称取 0.5 g 氢氧化钾放入盛有 100 ml 实验用水的烧杯中，用玻璃棒搅拌待氢氧化钾完全溶解后再加入称好的 2.0 g 硼氢化钾，搅拌溶解。此溶液应当日配制，用于测定砷、硒、铋和锑。

汞固定液：称取 0.5 g 重铬酸钾溶于 950 ml 实验

用水中，再加入 50 ml 硝酸，混匀。

实验前应对实验用水、硝酸和盐酸等试剂进行符合性检查，并做好相关记录。

五、实验步骤

（一）试样消解

本节介绍微波消解仪消解方法，采用盐酸 - 硝酸的消解方式。称取过孔径为 0.15 mm 筛的土壤干样 0.1～0.5 g，称量应精确到 0.000 1 g。

将称量好的土壤样品转移到微波消解管中（图 4-5），并做好相应编号。

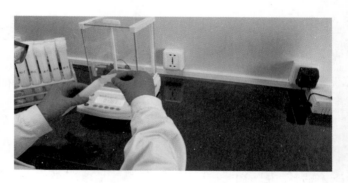

图 4-5　样品移入微波消解管

准备好消解所需试剂及样品。加水润湿土壤样品，在通风橱中，向微波消解管中依次加入 6 ml 盐酸和 2 ml 硝酸，将微波消解管放入消解管支架后置于微波消解仪的炉腔中，按照表 4-2 的升温程序进行消解（图 4-6～图 4-8）。待程序结束运行，消解管温度降至室温后取出，打开消解管盖。

图 4-6　微波消解管

图 4-7　微波消解仪

图 4-8　设置微波消解仪升温程序

表 4-2　微波消解升温程序

步骤	升温时间 /min	目标温度 /℃	保持时间 /min
1	5	100	2
2	5	150	3
3	5	180	25

　　将玻璃漏斗放置于 50 ml 容量瓶瓶口，用定量滤纸将消解后的溶液过滤（图 4-9），并转移到容量瓶中，用实验用水洗涤消解管及沉淀，将所有洗涤液并入容量瓶中，定容至标线，混匀。

图 4-9　样品过滤

（二）试料的制备

移取 10 ml 试液到 50 ml 容量瓶中，按表 4-3 加入盐酸、硫脲和抗坏血酸混合溶液，混匀放置 30 min 后定容至标线。

表 4-3　微波消解试剂加入量　　　　　单位：ml

试剂	汞	砷、铋、锑	硒
盐酸	2.5	5.0	10.0
硫脲和抗坏血酸混合溶液	—	10.0	—

（三）校准曲线质量浓度和配制方法

购买的市售汞、砷、硒、铋和锑标准储备液，可直接使用盐酸溶液（10%）将其逐级稀释配制校准系列溶液。

校准曲线使用自行配制的标准储备液和标准工作溶液的配制过程如下。

1. 汞标准储备液（100 mg/L）

准确称取 0.135 4 g 经干燥器中放置过夜的氯化汞（$HgCl_2$），用实验用水溶解后转移至 1 000 ml 容量瓶中，用汞固定液定容至标线，摇匀。

实际操作过程中，称量达到完全精准比较困难，若有微小差别，应记录实际称样量（精确到 0.1 mg），计算实际溶液浓度并在后续工作中均按照实际溶液浓度进行计算。其他元素同。

2. 砷标准储备液（100 mg/L）

准确称取 0.132 0 g 经 105℃干燥 2 h 的优级纯三氧化二砷（As_2O_3）溶解于 5 ml 1 mol/L 的氢氧化钠溶液中，用 1 mol/L 的盐酸溶液中和至酚酞红色褪去，用实验用水定容至 1 000 ml。

3. 硒标准储备液（100 mg/L）

准确称取 0.100 0 g 高纯硒粉于 100 ml 烧杯中，加 20 ml 硝酸低温加热溶解后冷却至室温，转移至 1 000 ml 容量瓶中，定容至刻度。

4. 铋标准储备液（100 mg/L）

准确称取 0.100 0 g 高纯金属铋于 100 ml 烧杯中，加 20 ml 硝酸低温加热溶解后冷却至室温，转移至 1 000 ml 容量瓶中，定容至刻度。

5. 锑标准储备液（100 mg/L）

准确称取 0.119 7 g 经 105℃干燥 2 h 的优级纯三氧化二锑（Sb_2O_3）溶解于 80 ml 盐酸中，转移至 1 000 ml 容量瓶中，补加 120 ml 盐酸，用实验用水定容至刻度。

原则上，标准储备液的自行配制不限于上述方法，也可以选用纯金属、其他盐类或氧化物等，不应引入本方法的干扰因素，并注意量值溯源和操作规范性，以保证标准储备液的配制质量。

6. 标准中间液

配制标准中间液（质量浓度均为 1.00 mg/L）并可置于冰箱中 0～4℃冷藏，但不应超过 3 个月。

7. 校准曲线所用标准工作溶液质量浓度

汞 10.0 μg/L、砷 100 μg/L、硒 100 μg/L、铋 100 μg/L 和锑 100 μg/L。标准工作溶液现用现配（图 4-10）。

图 4-10　标准工作溶液

校准曲线质量浓度和配制方法可参考表 4-4。

表 4-4　汞、砷、硒、铋和锑校准曲线质量浓度及配制方法

元素	校准曲线质量浓度 / （μg/L）	配制方法
汞	0.00、0.10、0.20、0.40、0.60、0.80、1.00	准确移取一定量的标准工作溶液至 50 ml 容量瓶中，加入 2.5 ml 盐酸，用实验室用水定容
硒	0.00、1.00、2.00、4.00、6.00、8.00、10.00	准确移取一定量的标准工作溶液至 50 ml 容量瓶中，加入 10 ml 盐酸，用实验室用水定容
砷铋锑	0.00、1.00、2.00、4.00、6.00、8.00、10.00	准确移取一定量的标准工作溶液至 50 ml 容量瓶中，加入 5 ml 盐酸、10 ml 硫脲和抗坏血酸混合溶液，用实验室用水定容至标线

　　按照标准方法要求配制校准曲线系列溶液。校准曲线浓度可根据仪器线性范围及消解试液的实际浓度值进行调整，应使测定值位于校准曲线的中间位置。

（四）原子荧光光度计操作

　　依次打开实验室排风设备、氩气气瓶，将压力气瓶出口压力调节为 0.4～0.5 MPa。安装好空心阴极灯，打开计算机、仪器电源，启动工作站软件。

　　①进样前检查元素灯光斑位置是否合适。

　　②通过软件设置，点亮元素灯进行预热。设定合适的仪器参数（图 4-11），如灯电流、负高压、载气流量、屏蔽气流量、延迟时间和读数时间等，工作参数见表 4-5。

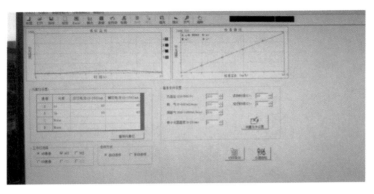

图 4-11　设定测定方法参数界面

表 4-5　原子荧光光度计的工作参数

元素名称	灯电流 / mA	负高压 / V	原子化器温度 / ℃	载气流量 / （ml/min）	屏蔽气流量 / （ml/min）	灵敏线波长 / nm
汞	15～40	230～300	200	400	800～1 000	253.7
砷	40～80	230～300	200	300～400	800	193.7
硒	40～80	230～300	200	350～400	600～1 000	196.0
铋	40～80	230～300	200	300～400	800～1 000	306.8
锑	40～80	230～300	200	200～400	400～700	217.6

　　③测定校准曲线空白，从低到高测定校准曲线，拟合校准曲线，校准曲线的相关系数应≥0.999。然后依次测定样品溶液浓度，若样品测定值超出校准曲线上限，需稀释后再测定。将样品稀释到校准曲线中间点附近的浓度为宜。

　　④测试结束，关闭元素灯，打印原始数据，然后退出工作站软件，关闭仪器电源。

六、结果计算与表示

土壤样品中元素的含量 ω_1（mg/kg）按式（4-1）计算：

$$\omega_1 = \frac{(\rho - \rho_0) \times V_0 \times V_2}{m \times w_{dm} \times V_1} \times 10^{-3} \qquad (4\text{-}1)$$

式中：ω_1——土壤中元素的含量，mg/kg；

ρ——由校准曲线查得测定试液中元素的质量浓度，μg/L；

ρ_0——空白溶液中元素的测定质量浓度，μg/L；

V_0——微波消解后试液的定容体积，ml；

V_1——分取试液的体积，ml；

V_2——分取后测定试液的定容体积，ml；

m——称取试样的质量，g；

w_{dm}——样品的干物质含量，%。

沉积物样品中元素的含量 ω_2（mg/kg）按式（4-2）计算：

$$\omega_2 = \frac{(\rho - \rho_0) \times V_0 \times V_2}{m \times (1 - f) \times V_1} \times 10^{-3} \qquad (4\text{-}2)$$

式中：ω_2——沉积物中元素的含量，mg/kg；

ρ——由校准曲线查得测定试液中元素的质量浓度，μg/L；

ρ_0——空白溶液中元素的测定质量浓度，μg/L；

V_0——微波消解后试液的定容体积，ml；

V_1——分取试液的体积，ml；

V_2——分取后测定试液的定容体积，ml；

m——称取试样的质量，g；

f——样品的含水率，%。

七、质量保证与质量控制

每批样品至少测定 2 个全程序空白，空白样品需使用和样品完全一致的消解程序，测定结果应低于方法测定下限。根据批量大小，每批样品需测定 1～2 个含目标元素的标准物质，测定结果必须在可以控制的范围内。在每批次（每批小于 10 个）或每 10 个样品中，应至少做 10% 样品的重复消解。若样品消解过程产生压力过大造成泄压而破坏密闭系统，则此次样品数据不应被采用。校准曲线的相关系数应≥0.999。

八、仪器的日常维护

①定期检查气体管路是否漏气。

②定期检查气液分离器是否有积液。

③定期检查排废泵管是否通畅以及进样管压块松紧是否合适。

④仪器不可长期搁置，每月至少通电运行一次，每次维护后，填写仪器维护记录。

九、注意事项

①原子荧光光度计、电子天平及玻璃量器应经检定或校准合格后使用。

②使用天平称量样品之前，应注意天平的预热、水平、调零和校准。

③硝酸和盐酸具有强腐蚀性，样品消解过程应在通风橱内进行，实验人员应注意佩戴防护器具。

④实验所用的玻璃器皿均需用（1+1）硝酸溶液浸泡 24 h（因汞极易污染器皿，建议使用独立酸缸），再依次用自来水、实验用水洗净。

⑤样品制备的注意事项见第二章。

十、消解方法比较

①测定土壤中的重金属一般采用全消解的方法，按加热方式可分为微波加热和电加热两种（表4-6）。

电加热

消解方法	微波消解	全自动消解	电热板消解
常用消解体系	王水；硝酸+盐酸+氢氟酸	王水；硝酸+高氯酸+氢氟酸+硝酸+盐酸+氢氟酸+高氯酸	王水；硝酸+高氯酸+氢氟酸+盐酸+氢氟酸+高氯酸
优点	操作简单、消解速度快	操作简单、全自动程度高，赶酸操作简单	消解、赶酸步骤可控性强
缺点	消解过程无法使用高氯酸，后续赶酸麻烦	消解耗时长	消解耗时长，操作复杂，控温能力差

表4-6　常用消解方法比较

微波消解加入消解管的酸通常为盐酸、硝酸和氢氟酸，禁止使用高氯酸。高氯酸具有强氧化性，若样品有机物含量高，在高温高压下易发生爆炸。使用微波消解仪消解土壤样品时，应按照相应的微波消解程序进行消解。

四酸电热板消解法，可根据土壤中重金属的丰度和校准曲线范围合理地确定土壤称样量，尽量保证消解后的试液量位于曲线中间点附近。称量适量样品放到聚四氟乙烯坩埚中，使用去离子水对土样进行润湿，利于样品均匀，并使样品与消解液接触更加均匀和充分。土壤样品种类较多，其性质差别较大，酸的用量可根据消解状态酌情增减。加酸消解过程中，要注意控制温度，尤其是在赶酸过程中，温度过高会导致部分元素挥发，温度过低会导致消解不完全，使最后测定结果偏低。在最后赶酸阶段，应防止消解过干或焦糊而影响测定结果。样品消解后，应使用容量瓶定容，以确保测量精度。消解液最后应达到黏稠状态，即摇动坩埚时消解液不移动。黏稠状物质应呈无色透明或淡黄色（含铁较高的土壤）。

②常用消解设备见图 4-12。

微波消解仪　　　　全自动消解仪　　　　电热板

图4-12　常用消解设备

第五章 原子荧光法测定
土壤中总汞

汞（Hg），通称水银，在自然界以金属汞、无机汞和有机汞的形式存在。无机汞有一价和二价化合物；有机汞包括甲基汞、二甲基汞、苯基汞和甲氧基乙基汞等。不同化学形态的汞具有不同的物理特性、化学特性、生物特性和环境迁徙能力。

汞及其衍生物有机汞，具有持久性、易迁移性、高度的生物富集性和生物毒性等特性，作为一类有毒的环境污染物，可在大气和食物链中持久存在，并可远距离迁移。汞会通过呼吸、饮食等过程进入人体，造成汞中毒。人如果摄入过多的汞，则会影响生殖发育，严重的还会引发精神异常，汞还有致畸、致癌、致突变等危害。

土壤中的汞污染主要来自采矿、金属产业和化石燃料燃烧等人类活动。土壤中的汞具有累积性和隐蔽性，能够持续不断地向植物输送汞，成为陆生食物链的汞源，并最终在生物体内积累，对人类健康造成威胁。

本章参照《土壤质量　总汞、总砷、总铅的测定　原子荧光法　第1部分：土壤中总汞的测定》（GB/T 22105.1—2008），对土壤中总汞的分析测定方法进行介绍。

一、适用范围

本方法（原子荧光法）通常适用于土壤中总汞的测定（图 5-1）。

图 5-1　原子荧光光谱仪

二、检出限

汞的方法检出限为 0.002 mg/kg。

注意分析测试过程中如果称样量、定容体积发生变化，方法检出限也会随之变化。

三、方法原理

（一）消解方法

土壤试样中加入（1+1）的王水，并于沸水浴中加热消解（图 5-2），以破坏土壤晶格结构和土壤中的有机质成分。

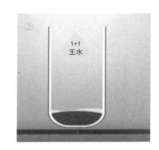
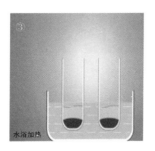
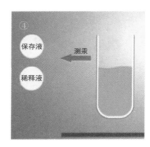

图 5-2　样品消解过程

（二）原子荧光测定方法

　　样品消解后，汞以高价离子态存在，随后进入氢化物发生器中，以盐酸溶液为载液，以硼氢化钾溶液为还原剂，生成原子态汞，被氩气载入原子化器中（图 5-3），在汞灯照射下，基态原子被激发至高能态，在去活化返回基态或较低能级时，发射出特征波长的荧光。其荧光强度在一定线性范围内与汞的含量成正比，与标准系列比较，求得样品中汞的含量。应使用高纯度氩气（纯度应≥99.999%）作为载气和屏蔽气。

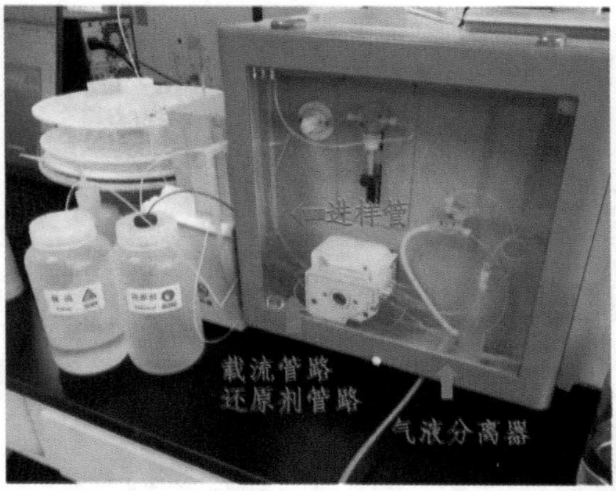

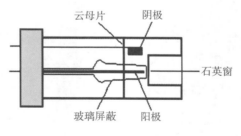

图 5-3　仪器进样管路

汞灯的结构（图 5-4）与其他元素的空心阴极灯有较大的区别，汞灯的中心不是空心阴极，而是阳极。阴极在灯内的侧面，且中心阳极紧靠石英窗。汞灯点亮时空心阳极放电，在常温下使灯内呈蒸气状态的汞原子激发而发光。

图 5-4　汞灯结构

四、试剂材料

本方法使用的试剂均为国家标准的优级纯试剂，

主要包括盐酸、硝酸、硫酸、氢氧化钾、硼氢化钾、重铬酸钾、氯化汞（图 5-5）。若实验条件允许，可使用高纯化学试剂。

优级纯盐酸（HCl）：ρ=1.19 g/ml；

优级纯硝酸（HNO$_3$）：ρ=1.42 g/ml；

优级纯硫酸（H$_2$SO$_4$）：ρ=1.84 g/ml；

优级纯氢氧化钾（KOH）；

优级纯硼氢化钾（KBH$_4$）；

优级纯重铬酸钾（K$_2$Cr$_2$O$_7$）；

优级纯氯化汞（HgCl$_2$）；

硝酸－盐酸混合试剂［（1+1）王水］：1 份硝酸与 3 份盐酸混合，然后用去离子水稀释 1 倍；

还原剂：0.01% 硼氢化钾 + 0.2% 氢氧化钾；

载液：（1+19）硝酸溶液；

保存液（0.5 g/L 的重铬酸钾 +5% 硝酸溶液）；

稀释液（0.2 g/L 的重铬酸钾 +2.8% 硫酸溶液）；

汞校准曲线系列溶液均现用现配。

图 5-5 原子荧光法所用主要试剂

注意：①该方法所使用的酸试剂要做试剂空白检测，并留有检测记录。在盐酸、硝酸等酸中常含有杂质（铅、汞等），须采用优级纯或更高纯度的酸。在实验之前可将待使用的酸按标准空白的酸浓度在仪器上进行测试，选用荧光强度较低的酸。若空白值过高，会影响工作曲线的线性、方法的检出限和测量的准确度。建议每批次试剂都做一次空白检测。

②去离子水为去掉水中除氢离子、氢氧根离子外的其他由电解质溶于水中电离所产生的全部离子，即去掉溶于水中的电解质物质。去离子水通常用离子交换法制得，纯度用电导率来衡量。每个实验室应有实验室用水检查记录。可以使用硝酸、盐酸和去离子水配制实验条件的酸体系，做试剂空白检查。建议每月做一次空白检查（pH、电导率、目标元素等）。

③浓盐酸有极强的挥发性，王水的配制应在通风橱中进行，并用玻璃棒不断搅拌，混合均匀。

④还原剂（0.01% 硼氢化钾 + 0.2% 氢氧化钾）：称取 0.2 g 氢氧化钾放入烧杯中，用少量水溶解，称取 0.2 g 硼氢化钾放入氢氧化钾溶液中，用水稀释至 100 ml。由于硼氢化钾是强还原剂，极易与空气中的氧气和二氧化碳反应，在中性和酸性溶液中易分解产生氢气，因此应严格按照方法中给出的配制过程进行，此溶液现用现配。

⑤载液可视样品量配制，以现用现配为宜，应在通风橱中操作。

五、实验步骤

（一）试样消解

总汞测定实验过程见图 5-6。

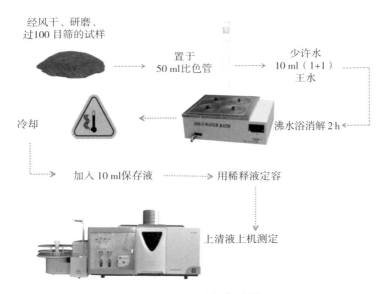

经风干、研磨、
过100目筛的试样

置于
50 ml比色管

少许水
10 ml（1+1）
王水

沸水浴消解 2 h

冷却

加入 10 ml保存液

用稀释液定容

上清液上机测定

图 5-6　总汞测定实验过程

称取经风干、研磨并过 0.15 mm（100 目）孔径筛的土壤样品 0.2～1.0 g（本方法要求精确到 0.000 2 g），转移至 50 ml 具塞比色管中，并做好相应编号（图 5-7）。

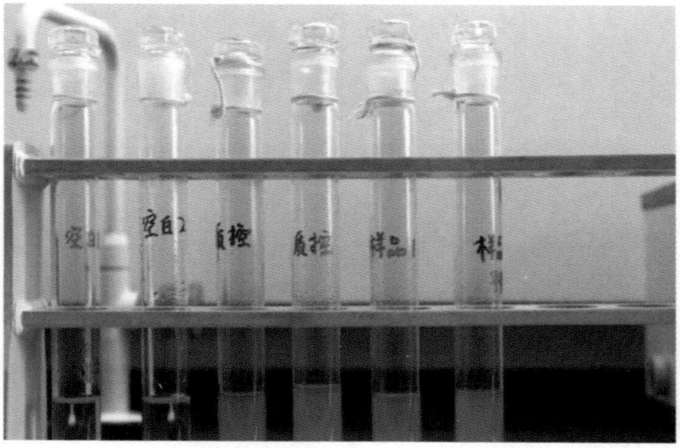

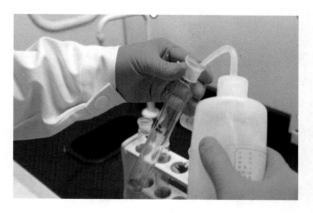

图 5-7　转移至比色管的样品

为使样品混合更均匀，避免加酸时发生迸溅，可先加入少许去离子水润湿样品（图 5-8），添加量应以所称量样品刚好全部润湿为宜。然后加入 10 ml（1+1）王水（图 5-9），注意沿着管壁缓慢加入，将黏附在管壁的样品颗粒用试剂冲至比色管底部，加塞后摇匀，于沸水中消解 2 h（图 5-10）。

图 5-8　润湿样品

图 5-9　加入王水

图 5-10　样品水浴消解

消解过程中，摇动比色管 2～3 次。为了防止比色管的塞子崩开，可以采用包裹等防护措施。消解结束后，取出冷却（图 5-11）。

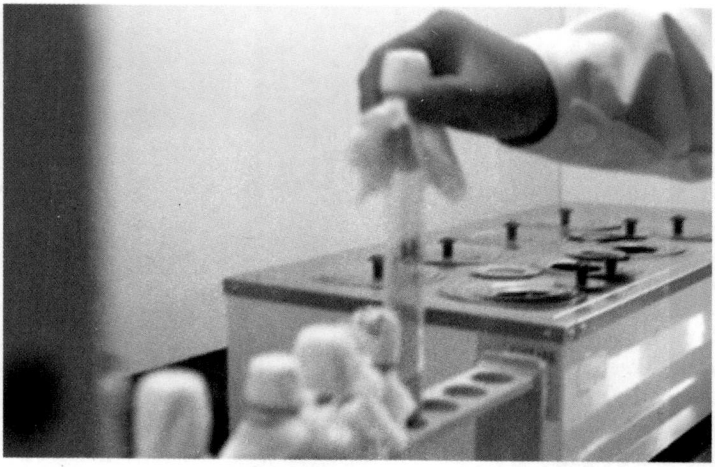

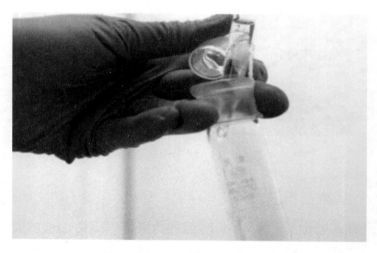

图 5-11　消解后样品冷却

　　冷却后，立即加入 10 ml 保存液（图 5-12），用稀
释液稀释至刻度（图 5-13）。

图 5-12　消解后样品加入保存液

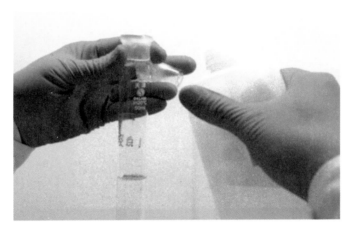

图 5-13　样品稀释定容

摇匀后静置，取上清液待测，同时要做全程序空白检测。

注意：样品消解完毕后应尽快测定，若不能及时测定，一般情况下允许保存 2～3 d。

（二）校准曲线浓度和配制方法

购买的市售汞标准储备液，可直接使用保存液将其逐级稀释配制校准曲线系列溶液。

1. 汞标准储备液

称取经干燥处理的 0.135 4 g 氯化汞，用保存液溶解后，转移至 1 000 ml 容量瓶中，再用保存液稀释至刻度，摇匀，此标准溶液中汞的浓度为 100 mg/L（有条件的单位可以到国家认可的部门直接购买汞标准储备液）。

汞在容器壁易发生吸附或蒸发，其溶液不稳定。在汞标准储备液中加重铬酸钾能使其始终以离子态存在。重铬酸钾是保存微量汞最好的稳定剂，具有强氧化性且有毒。配制溶液应在通风橱中进行，并做好防护。氯化汞应于硅胶干燥器中放置过夜，汞标准储备液应避光冷藏。

2. 汞标准中间液

准确吸取 10.00 ml 汞标准储备液（100 mg/L）于 1 000 ml 容量瓶中，用保存液稀释至刻度，摇匀，此标准溶液中汞的浓度为 1.00 mg/L。

3. 汞标准工作溶液

准确移取 2.00 ml 汞标准中间溶液（1.00 mg/L）到 100 ml 容量瓶中，稀释至刻度线，摇匀，此标准工作溶液的汞浓度为 20.00 μg/L（现用现配）。

4. 校准曲线系列溶液的配制

分别准确移取 0.00 ml、0.50 ml、1.00 ml、2.00 ml、3.00 ml、5.00 ml 和 10.00 ml 标准工作溶液到 50 ml 容量瓶中，加入 10 ml 保存液，用稀释液稀释至刻度，摇匀，配成 0.00 μg/L、0.20 μg/L、0.40 μg/L、0.80 μg/L、1.20 μg/L、2.00 μg/L 和 4.00 μg/L 的汞校准曲线系列溶液，这些溶液最好现用现配，若需保存，可置于冰箱中 0～4℃冷藏保存，保存时间不可超过 2 周。汞标准溶液配制流程见图 5-14,汞标准溶液见图 5-15。

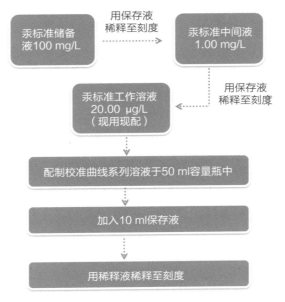

图 5-14 汞标准溶液配制流程

图 5-15 汞标准溶液

校准曲线为一次曲线，且相关系数一般应≥0.999。根据仪器线性范围及消解试液的实际浓度值可对标准系列做调整，尽量使测定值位于校准曲线的中间点（1/3～2/3）附近。超过校准曲线范围的高浓度样品，可减少样品称样量或对消解试液稀释后再进行测定。

校准曲线配制过程须规范，所使用的定量器具须经定期检定或校准，并贴上相对应的标签。曲线的加酸量（酸度）须与实际样品保持一致，特别是对浓度较高的样品进行稀释时，酸度的偏差可能会导致待测金属络合不完全，测定结果偏低。

（三）原子荧光光度计操作

依次打开实验室仪器排风、高纯氩气瓶，将压力气瓶出口压力调节为 0.25 MPa 左右。安装好空心阴极灯，然后打开仪器开关、自动进样器开关，打开计算机，启动工作站软件，测定汞时，将燃烧器的高度调节为 10 cm，然后手动调节汞灯，使光斑位于中间位置。

①安装汞灯，调节燃烧器高度（图 5-16），调节光斑位置，使其居中。

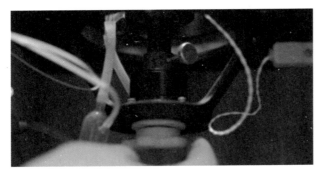

图 5-16　调节燃烧器高度

②将调节工具置于炉体上，检查待测元素的光斑是否位于中间位置（图 5-17）。

图 5-17　光斑位于中间位置示意

③依次打开仪器及软件，根据实际需要以及仪器运行状态，对仪器分析条件进行优化后，预热 0.5～1 h，满足 0.5 h 内空白漂移≤5%，瞬时噪声 RSD≤3%，再开始测量。不同型号仪器的最佳参数不同，可根据仪器使用说明书自行选择，确保实验室环境条件（温度、湿度和通风效果等）满足仪器要求（一般温度为 15～30℃，湿度为 40%～70%）。由于测量时元素会以

蒸气态扩散，因此需开启通风设施并做好个人防护，通风橱的排风效果会影响实验测定结果，需根据仪器条件要求，配置合适排风量的通风橱。

点击软件的模拟按钮，监测汞灯基线状态，待汞灯基线稳定后进行测定。应做空白检测，当荧光值的差小于 4～6 h（根据仪器的不同可以自行调节）时，进行曲线测定，从低到高测定校准曲线，拟合校准曲线，校准曲线的相关系数应≥0.999。依次测定样品溶液浓度，若样品测定值超出校准曲线上限，应减少称样量或对其消解液进行稀释后再测定。如果样品含量超出仪器承受范围，需立即进行管路清洗，避免对后续样品产生干扰，清洗干净的指标为空白检测降至原水平。由于环境因素的影响和仪器稳定性的限制，每批样品测定时须同时绘制校准曲线。

④测量结束，保存测量文件，关闭点火装置，仪器管路需用 5% 硝酸溶液清洗 10 min，再用去离子水清洗 5 min。然后退出工作站软件，关闭仪器电源和自动进样器开关。关闭氩气瓶气阀及排风。

六、结果计算与表示

土壤样品总汞含量 w 以质量分数计，结果以 mg/kg 表示：

$$w = \frac{(c - c_0) \times V}{m \times w_{dm}} \times 10^{-3} \qquad （5-1）$$

式中：c——从校准曲线上查得汞元素含量，μg/L；

$\quad\quad c_0$——试剂空白溶液测定浓度，μg/L；

$\quad\quad V$——样品消解后定容体积，ml；

$\quad\quad m$——试样质量，g；

$\quad\quad w_{dm}$——土壤干物质含量，%。

七、质量保证与质量控制

空白样品测定值不应高于方法检出限。当空白样品测定值超过方法检出限时，应停止样品测试，认真查找原因，通常可考虑实验用水、酸等试剂的纯度、器皿及仪器的洁净度等带来的影响。

每测定 20 个样品，应进行一次校准曲线零点和中间浓度点核查；若不满足要求，需重新调试仪器，并对校准曲线进行重新测定。

样品测试时，应根据标准方法的规定，对方法的精密度和准确度进行确认，并做一定比例的质量控制样品，每批样品应至少测定 10% 的平行双样，样品数量小于 10 个时，应至少测定 1 个平行双样。每批次样品需测定 10% 含目标元素的标准物质，测定结果须在相对误差范围内。

测试须使用检定合格的仪器和通过校准的器具，按仪器维护规程做好定期维护工作。如在检测过程中发现仪器灵敏度显著变化或测定结果异常，应立即对仪器进行检查并找出原因。

如果样品测试任务中有具体的质量控制要求，可在不低于方法要求的前提下，按具体的质量控制要求执行。

八、仪器的日常维护

应对原子荧光光度计进行必要的日常维护：

①每次测试结束及时清洗仪器，防止腐蚀仪器。

②每月用润滑油涂抹裸露活动部件（图5-18），如自动进样器丝杆、滑轨部分和蠕动泵等部位。

图5-18　涂抹润滑油

③及时更换老化的泵管（图 5-19），污染是导致检测结果出现误差或异常的主要原因，多样品在检测过程中受到毛细管、泵管等污染的影响，造成检测结果误差，为此需要使用稀盐酸对仪器进行清洗，如果不能彻底清洗，则需要更换检测仪器管路等。

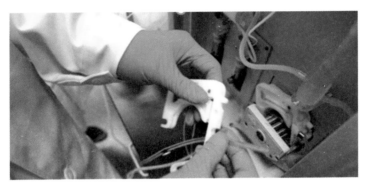

图 5-19　更换泵管示意图

④空心阴极灯的使用寿命一旦超限，就必须更换（图 5-20），不可在电源连接、空心阴极灯具有热度时更换，在更换好后，要对空心阴极灯的光路进行调节，将仪器的默认电流、负高压进行调整，以此减少过高电流和负高压对灯使用寿命的影响。仪器及元素灯不可长期搁置，每月至少通电运行一次。

图 5-20　更换元素灯示意图

⑤在检测土壤中金属含量时，土壤样品较为复杂，经常由于富含大量有机物而产生气泡，此时会使溶液喷出，并在石英炉芯当中烧结形成阻塞，需要使用消泡剂，以降低土壤样品中的溶液酸性，或利用较为高效的气液分离器进行气液分离。如已出现阻塞，则需要将石英炉芯放置在 HNO_3（1+1）溶液中，采用浸泡处理（图 5-21）。

图 5-21　石英炉芯拆卸及浸泡示意图

⑥仪器较长时间不使用时，应保证每周 1～2 次打开仪器电源开关，通电 30 min 左右或测定标准空白，实验完毕后，按仪器说明书要求，排空管内液体或充满去离子水。

九、注意事项

①所有实验用器皿均需用硝酸（1+1）溶液浸泡 24 h，或经热硝酸荡洗后，先用自来水充分冲洗，再用去离子水洗净方可使用。对于新器皿，应作相应的空白检测后才能使用。

②对所用的每瓶试剂均应做相应的空白实验，特别是盐酸。配制标准溶液与样品应尽可能使用同一瓶试剂。

③硼氢化钾为强还原剂，极易与空气中的氧气和二氧化碳反应，在中性和酸性溶液中易分解产生氢气，所以配制时，要将硼氢化钾固体溶解在氢氧化钠溶液中，并现用现配。

④载气及流量：原子荧光法只能使用氩气，氩气纯度很重要，杂质气体达到 1% 时，会导致 Hg（As、Bi、Se、Sb、Te、Ge）灵敏度降低约 5%。

⑤载气流量过大会冲稀测定成分的浓度，过小不能迅速将测定成分带入石英炉，一般以 0.4～0.6 L/min 为宜。

⑥屏蔽气体：屏蔽气体可防止周围空气进入火焰产生荧光淬灭，一般在 0.6～1.6 L/min 范围选择。

⑦硼氢化钾在酸性介质中才能起到还原作用，因此，测定水样（溶液）的酸性必须足以中和硼氢化钾溶液中的碱后还应保持至少 1 mol/L 的酸性；硼氢化钾浓度对汞的测量结果影响很大，测汞时以 0.4% 左右为最佳。

⑧在原子荧光光谱分析中为获得较高的分析灵敏度、较好的精密度和准确度，在测定过程中正确设置和优化仪器工作条件至关重要，光电倍增管负高压、灯电流、原子化器温度、原子化器高度、载气流量、屏蔽气流量、读数时间、延迟时间等是所有原子荧光仪器的共性的东西，它们对测量有着一定的影响。因仪器型号而异，测定条件不尽相同，应根据所用仪器选择合适条件。

负高压越大，放大倍数越大，但同时暗电流等噪声也相应增大。当光电倍增管负高压为 200～500 V 时，光电倍增管的信号（S）/噪声（N）比相对恒定，见图 5-22。因此，在满足分析要求的前提下，尽量不要将光电倍增管的负高压设置太高。

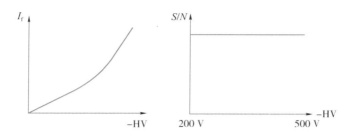

图 5-22 光电倍增管负高压与灵敏度及信噪比关系示意图

原子荧光光谱仪的激发光源其供电电源采用集束脉冲供电方式，以脉冲灯电流的大小决定激发光源发射强度的大小，在一定范围内随灯电流增加荧光强度增大。但灯电流过大，会发生自吸现象，而且噪声也会增大，同时灯的寿命缩短，见图 5-23，展示了砷、锑和汞的灯电流与荧光强度关系。

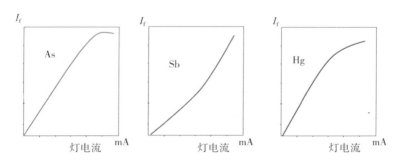

图 5-23 不同元素灯电流与荧光强度关系

因此，最佳工作条件的选择，应根据对被测元素分析灵敏度的要求进行优化，在优化过程中较为重要的是选用适宜的负高压和灯电流两者互相配合，通过试验来确定最佳的工作条件。

第六章 原子荧光法测定土壤中总砷

DILIUZHANG

YUANZI YINGGUANGFA CEDING
TURANGZHONG ZONGSHEN

砷（As）是典型的过渡元素，其化学性质与磷类似，为六方晶形正四方体。砷可表现出多种价态（-3、+3 和 +5），主要价态为正三价和正五价，其中三价砷化合物比五价砷化合物的毒性大约 60 倍。

砷广泛存在于土壤、水体和生物体内。在土壤中，砷的相对含量主要取决于土壤的氧化还原状态，通常情况下砷以无机物砷酸盐和亚砷酸盐的形式存在，在土壤中砷的迁移率和生物利用度的程度部分受到土壤中所存在的矿物质类型和砷的氧化态影响。

污染土壤中的砷主要来源于人为活动，如：矿山开采、有色金属冶炼、化石燃料的燃烧和含砷农药的使用等。土壤中过量的砷一方面可以被农作物吸收，通过食物链进入人体；另一方面可以在一定条件下向深层土壤迁移，污染地下水，进而对人体健康产生威胁。

本章参照《土壤质量　总汞、总砷、总铅的测定　原子荧光法　第 2 部分　土壤中总砷的测定》（GB 22105.2—2008），对土壤中总砷的分析测定方法进行介绍。

一、适用范围

本方法（原子荧光法）通常适用于土壤中总砷的测定。

二、检出限

砷的方法检出限为 0.01 mg/kg。

注意分析测试过程中如果称样量、定容体积发生变化，方法检出限也会随之变化。

三、方法原理

（一）消解方法

土壤试样采用 1∶1 的王水溶液在沸水浴中加热消解，以破坏土壤晶格结构和土壤中的有机质成分。样品中的砷经加热消解后（图 6-1），加入硫脲和抗坏血酸作为还原剂，将五价砷还原为三价砷。

138

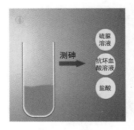

图 6-1　土壤砷消解过程示意图

（二）原子荧光测定方法

砷待测液进入氢化物发生器中，以盐酸溶液为载液，以硼氢化钾溶液为还原剂，生成气态的砷化氢，由氩气作载气带入石英原子化器中，在氩氢火焰中原子化。砷基态原子在特制砷空心阴极灯的发射光激发下产生原子荧光，产生的荧光强度与试样中被测元素含量成正比，与标准系列比较，求得样品中砷的含量。

四、试剂材料

本方法使用的试剂主要包括优级纯的盐酸、硝酸、氢氧化钾、硼氢化钾，分析纯的硫脲、抗坏血酸，若实验条件允许，可使用高纯化学试剂，砷标准储备液也可使用市售单元素标准溶液。

优级纯盐酸（HCl）：$\rho=1.19$ g/cm^3；

优级纯硝酸（HNO$_3$）：$\rho=1.42$ g/cm^3；

氢氧化钾（KOH）：优级纯；

硼氢化钾（KBH$_4$）：优级纯；

硫脲（CH$_4$N$_2$S）：分析纯；

抗坏血酸（C$_6$H$_8$O$_6$）：分析纯；

（1+1）王水：取1份硝酸和3份盐酸混合均匀，然后用水稀释1倍；

还原剂：1% 硼氢化钾 + 0.2% 氢氧化钾溶液，现用现配；

载液：（1+9）盐酸溶液；

硫脲溶液：体积分数为 5%，现用现配；

抗坏血酸：体积分数为 5%，现用现配；

实验前应对实验用水、硝酸、盐酸等试剂进行符合性检查，并做好相关记录。具体要求详见第五章。

五、实验步骤

（一）试样消解

总砷测定实验过程见图 6-2。

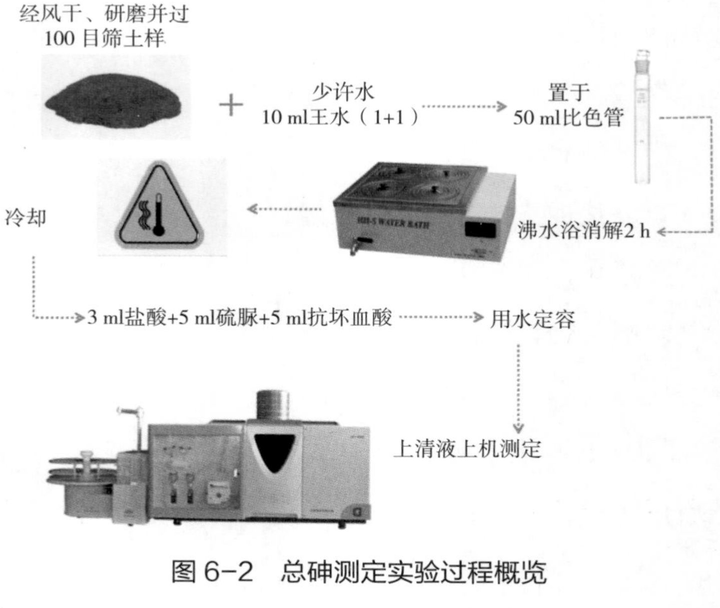

图 6-2　总砷测定实验过程概览

称取风干、研磨并过 0.15 mm（100 目）孔径筛的土壤样品 0.2～1.0 g（本方法要求精确至 0.000 2 g）于 50 ml 具塞比色管中，加少许水润湿样品，加入 10 ml（1+1）王水，加塞摇匀于沸水浴中消解 2 h，中间摇动几次，取下冷却，用水稀释至刻度，摇匀后放置。吸取一定量的消解试液于 50 ml 比色管中，加 3 ml 盐酸、5 ml 硫脲溶液、5 ml 抗坏血酸溶液，用水稀释至刻度，摇匀放置（至少放置 0.5 h，以防止堵塞进样管，可适当延长放置时间），取上清液待测。同时做空白试验。每批样品制备 2 个以上全程序空白溶液，空白检查若有检出，可考虑使用优级纯硫脲和抗坏血酸（具体操作过程图示见第五章）。

（二）校准曲线浓度和配制方法

1. 砷标准储备液

称取 0.660 0 g 三氧化二砷（在 105℃烘 2 h）于烧杯中，加入 10 ml 10% 氢氧化钠溶液，加热溶解，冷却后移入 500 ml 容量瓶中，并用水稀释至刻度，摇匀，此溶液砷浓度为 1 000 mg/L（有条件的单位可以到国家认可的部门直接购买标准砷标准储备液）。

2. 砷标准中间液

吸取 10.00 ml 砷标准储备液（1 000 mg/L）注入

100 ml 容量瓶中，用（1+9）盐酸溶液稀释至刻度，摇匀。此溶液砷浓度为 100 mg/L。

3. 砷标准工作溶液

准确吸取 1.00 ml 砷标准储备液（100 mg/L）于 100 ml 容量瓶中，用（1+9）盐酸溶液稀释至刻度，摇匀，此溶液砷浓度为 1.00 mg/L。

4. 校准曲线配制

分别准确吸取 0.00 ml、0.50 ml、1.00 ml、1.50 ml、2.00 ml 和 3.00 ml 砷标准工作溶液（1.00 μg/ml）置于 6 个 50 ml 容量瓶中，分别加入 5 ml 盐酸、5 ml 硫脲溶液、5 ml 抗坏血酸溶液，然后用水稀释至刻度，摇匀，即得含砷量分别为 0.00 μg/L、10.0 μg/L、20.0 μg/L、30.0 μg/L、40.0 μg/L 和 60.0 μg/L 的标准系列溶液，此标准系列适用于一般样品的测定。砷标准溶液配制流程见图 6-3。

（三）原子荧光光度计操作

原子荧光光度计开机预热，按照仪器使用说明书设定灯电流、负高压、载气流量和屏蔽气流量等工作参数，参考条件见表 6-1。

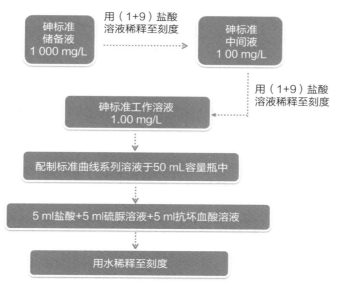

图6-3　砷标准溶液配制流程图

表6-1　仪器参数

项目	参数	项目	参数
负高压 /V	300	加热温度 /℃	200
A 道灯电流 /mA	0	载气流量 /（ml/min）	400
B 道灯电流 /mA	60	屏蔽气流量 /（ml/min）	1 000
观测高度 /mm	8	测量方法	校准曲线
读数方式	峰面积	读数时间 /s	10
延迟时间 /s	1	测量重复次数	2

　　将仪器调节至最佳工作条件，在还原剂和载液的带动下，测定标准系列各点的荧光强度（校准曲线是减去标准空白后荧光强度对浓度绘制的校准曲线），然后依次测定样品空白、试样的荧光强度（仪器操作重

点步骤图示见第五章）。

六、结果计算与表示

土壤样品总砷含量 w 以质量分数计，结果以 mg/kg 表示：

$$w = \frac{(c-c_0) \times V_2 \times V_{总}}{m \times w_{dm} \times V_1} \times 10^{-3} \qquad (6-1)$$

式中：c——从校准曲线上查得砷元素含量，$\mu g/L$；

　　　　c_0——试剂空白溶液测定浓度，$\mu g/L$；

　　　　V_2——测定时分取样品溶液稀释定容体积，ml；

　　　　$V_{总}$——样品消解后定容总体积，ml；

　　　　V_1——测定时分取样品消解液体积，ml；

　　　　m——试样质量，g；

　　　　w_{dm}——土壤干物质含量，%。

七、质量保证与质量控制

按照本部分测定土壤中总砷，相对误差的绝对值不得超过 5%。

在重复条件下，获得的两次独立测定结果的相对偏差不得超过 7%。

其余质量保证与质量控制要求详见第五章。

八、仪器的日常维护

详见第五章。

九、注意事项

详见第五章。

第七章 X射线荧光光谱法测定土壤中无机元素

钡（Ba）是地壳中含量较多的元素，主要以重晶石（硫酸钡）、毒重石（碳酸钡）形式存在。钡用于制钡盐、合金、焰火等；也是精制炼铜时的优良去氧剂。钡盐除硫酸钡外都有毒，如碳酸钡被用来作为毒鼠药。钡中毒会引起低血压症状，使肌肉痉挛和抽搐等。

溴（Br）是唯一在室温下呈液态的非金属元素，主要是以溴盐的形式散布在地壳中。溴是一种强氧化剂，可以和金属、大部分有机化合物产生激烈的反应，若有水参与则反应更加剧烈，溴和金属反应会产生金属溴盐及次溴酸盐（有水参与时），和有机化合物则可能产生磷光或荧光化合物。一些特定的溴化合物被认为是有可能破坏臭氧层或具有生物累积性，所以许多工业用的溴化合物不再被生产，或被限制使用或逐渐淘汰。

铈（Ce）是镧系金属中自然丰度最高的元素，主要存在于独居石和氟碳铈矿中，也存在于铀、钍、钚的裂变产物中。铈化学性质活泼，在空气中失去光泽，加热时燃烧，与热水迅速反应，可溶于酸。铈可用于催化剂、电弧电极和特种玻璃等；硝酸铈用于制煤气灯上用的白热纱罩等；氧化铈是最优质的玻璃抛光粉；氧化铈的纳米粉末可以作为柴油添加剂，提高柴油发动机燃油效率。

氯（Cl）是一种卤族化学元素，在地壳中以各种氯化物的形式广泛存在。氯主要用于化学工业尤其是有机合成工业，用以生产塑料、合成橡胶、染料及其他化学制品或中间体，还用于漂白剂、消毒剂和合成药物等。氯气具有毒性，每升大气中含有 2.5 mg 氯气时，即可在几分钟内使人死亡。

钴（Co）是人体和植物所必需的微量元素之一，在人体内钴主要通过形成维生素 B_{12} 发挥生物学作用及生理功能。此外，钴对铁的代谢、血红蛋白合成、细胞发育等均有重要生理功能。有色金属冶炼厂和加工厂等企业的废水中常含高浓度的钴，经常注射钴或暴露于过量的钴环境中，可引起钴中毒。吸入钴化合物有时会出现支气管哮喘；研磨钴化物能引起急性皮炎，有时皮肤表面形成溃疡；硫酸钴粉尘对眼、鼻、呼吸道及胃肠道黏膜有刺激作用，引起咳嗽、呕吐、腹绞痛、体温上升、小腿无力等，皮肤接触可引起过敏性皮炎、接触性皮炎。

镓（Ga）是一种稀有蓝白色三价金属元素，质地柔软，通常从铝土矿中提取铝或从锌矿石中提取锌时的副产物中获得。镓可用于光学玻璃、合金和真空管等；砷化镓用在半导体之中，最常用作发光二极管。镓及其化合物有一定毒性，使用时需格外小心。

铪（Hf）是一种带光泽的银灰色过渡金属，在地壳中含量很少，无单独矿石，常与锆共存，主要存在于大多数锆矿中。铪容易发射电子，可用作白炽灯的灯丝。铪和钨或钼的合金用作高压放电管的电极和X射线管的阴极。由于它对中子有较好的吸收能力，抗腐蚀性能好，强度高，因此也常用来做核反应堆的控制棒，以减慢核子连锁反应的速率。

镧（La）是稀土金属中最活泼的元素，暴露于空气中很快失去金属光泽生成一层蓝色的氧化膜，并进一步氧化生成白色的氧化物粉末。镧能和冷水缓慢作用，易溶于酸。在地壳中的含量约为 0.001 83%，在稀土元素中含量仅次于铈，是稀土元素中含量最丰富的一种。镧用于生产催化剂、镍氢电池、制造特种合金精密光学玻璃、高折射光学纤维板，也用于制造摄影机、照相机、显微镜镜头和高级光学仪器的棱镜。

锰（Mn）是岩石和土壤组成部分，常与铁同时存在。锰的污染来源于矿山、冶金、化工等工业废水。锰是人体必需的一种微量元素，在许多酶系统中起着重要的作用。锰中毒早期表现为疲倦乏力、头昏头痛、记忆力减退、肌肉疼痛、情绪不稳定、抑郁或激动。

磷（P）是一种常量元素，在地壳中的重量百分含量约为 0.118%，在自然界都以各种磷酸盐的形式出现。磷存在于细胞、蛋白质、骨骼和牙齿中，是动植物和人体所必需的重要组成成分。

铷（Rb）是一种银白色轻金属，无单独矿物存在，常分散在云母、铁锂云母、铯榴石、盐矿层和矿泉之中。铷是制造电子器件（光电倍增管）、分光光度计、自动控制、光谱测定、彩色电影、彩色电视、雷达、激光器以及玻璃、陶瓷、电子钟等的重要原料；在空间技术方面，离子推进器和热离子能转换器需要大量的铷；铷的氢化物和硼化物可作高能固体燃料；放射性铷可用于测定矿物年龄，此外铷的化合物应用于制药、造纸业；铷还可作为真空系统的吸气剂。

硫（S）是一种非金属元素，在自然界中它经常以硫化物或硫酸盐的形式存在，在火山地区也存在单质硫。对所有的生物来说，硫都是一种重要的必不可少的元素，它是多种氨基酸的组成部分，由此是大多数蛋白质的组成部分。其主要用在肥料中，也广泛地用在火药、润滑剂、杀虫剂和抗真菌剂中。对人体而言，天然单质硫是无毒无害的，但稀硫酸、硫酸盐、亚硫酸和亚硫酸盐有毒，硫化物通常有剧毒，浓硫酸有强烈的腐蚀性。

钪（Sc）是一种柔软、银白色的过渡性金属，常跟钇和铒等混合存在，产量很少。钪及其化合物具有一些特殊性质，使其在电光源、航空航天、电子工业、核技术和超导技术等方面具有广泛应用。

锶（Sr）是一种银白色带黄色光泽的碱土金属，锶元素广泛存在于土壤、海水中，是一种人体必需的微量元素，具有防止动脉硬化，防止血栓形成的功能。可用于制造合金、光电管、分析化学试剂以及烟火等。

钍（Th）是一种放射性金属元素，以化合物的形式存在于矿物内，如独居石和钍石，通常与稀土金属联系在一起。钍一般用来制造合金，提高金属强度。钍所储藏的能量，比铀、煤、石油和其他燃料总和还要多许多，是一种极有前途的能源。钍可用于制造高强度合金与紫外线光电管；钍也是制造高级透镜的常用原料；用中子轰击钍可以得到一种核燃料——铀-233。

钛（Ti）是一种银白色的过渡金属，曾被认为是一种稀有金属，这是由于其在自然界中存在分散并难于提取，但其含量相对丰富，在所有元素中居第十位。钛及其化合物应用广泛，如飞机发动机零件和火箭、导弹结构件，钛合金可作燃料和氧化剂的储箱以及高压容器、石油工业中各种容器、反应器、热交换器、蒸馏塔、管道、泵和阀等。钛可用作电极和发电站的冷凝器以及环境污染控制装置等。金属钛、氧化钛和碳化钛属低毒类。有研究表明有机钛有致癌性。

钒（V）多数以石煤的形式存在，是人体必需的微量元素之一，可减少龋齿发病率，对造血过程有一定的积极作用，可使血管收缩，增强心室肌的收缩力，具有降低血压的作用。钒常作为合金钢的添加剂和化学工业中的催化剂使用，因此钢铁、石油、化工、染料、纺织、陶瓷、照相和电子等工业废水中钒含量较多，往往造成污染。钒在体内不易蓄积，因而由食物摄入引起的中毒十分罕见，但每天摄入 10 mg 以上或每克食物中含钒 $10\sim20$ μg，可发生中毒。通常可出现生长缓慢、腹泻、摄入量减少和死亡。

钇（Y）是稀土元素中含量最丰富的元素之一，主要存在于硅铍钇矿、黑稀土矿、磷钇矿、独居石和氟碳废矿中，钇还存在于核裂变产物中。金属钇在合金方面用作钢铁精炼剂和变质剂等。

锆（Zr）是一种稀有金属，具有惊人的抗腐蚀性能、极高的熔点（其熔点在 1 800℃以上，二氧化锆的熔点更是高达 2 700℃以上），因超高的硬度和强度等特性，被广泛用在航空航天、军工、核反应和原子能领域。

硅（Si）是一种极为常见的元素，但在自然界它极少以单质的形式出现，而是以复杂的硅酸盐或二氧化硅的形式广泛存在于岩石、沙砾、尘土之中。饲料中缺少硅可使动物生长缓慢。另外，已确定血管壁中硅含量与人和动物粥样硬化程度成反比。

铝（Al）在地壳中的含量在全部化学元素中仅次于氧和硅，占第三位，在全部金属元素中占第一位。铝合金质轻而坚韧，是制造飞机、火箭、汽车的结构材料，也广泛用于制作日用器皿，纯铝大量用于电缆。铝主要是通过消化道、呼吸道以及皮肤等途径吸收进入人体，铝及其化合物有一定的慢性毒性，长期摄入铝及其化合物，在体内可造成铝的蓄积，导致慢性中毒，铝可影响磷的代谢，使肝、肾、脾中的磷脂、DNA、RNA 均减少，导致骨软化病及中枢神经系统中毒。

铁（Fe）是地壳中存在的大量元素，丰度值排列在氧、硅、铝之后，是含量丰富的第四个元素。天然水中铁以不同形态存在，地表水以 Fe^{3+} 的无机、有机络合物形式存在，还有相当部分以悬浮态或胶体态形式存在；而地下水中则有相当部分的铁是以 Fe^{2+} 形式存在。水中铁主要来源可分为天然源和人为污染源。天然源主要是雨水地面径流从土壤、岩石中溶解出来的铁，形成铁的无机络合物和有机络合物。人为污染源主要是选矿、金属冶炼、机械加工、表面处理、酸洗产生大量含铁废水而排入环境水体中。

钾（K）是一种碱金属元素，在自然界没有单质形态存在，主要以钾盐的形式广泛分布于陆地和海洋中。在天然水中含量相对也较高。钾是维持生命不可或缺的必需物质，也是人体肌肉组织和神经组织中的重要成分之一。

钠（Na）是自然界中分布最广的10个元素之一，天然水中含量也较高。一般情况下，人体内的钠不易缺乏。正常情况下，钠摄入过多并不蓄积，但某些情况下，如误将食盐当食糖加入婴儿奶粉中喂养，则可引起中毒甚至死亡。

钙（Ca）是自然界中分布最广的10个元素之一，主要以化合物的形态存在。钙常用作合金的脱氧剂、油类的脱水剂、冶金的还原剂、铁和铁合金的脱硫与脱碳剂以及电子管中的吸气剂等。

镁（Mg）是自然界中分布最广的10个元素之一，天然水中含量也较高。镁是一种参与生物体正常生命活动及新陈代谢过程必不可少的元素，但过量镁摄入，对人体健康有一定影响。高镁血症可引起低血钙，对血管功能可能有潜在的影响，高镁血症还可影响血液凝固。在尿毒症时，骨中镁含量显著增高。

铅、砷、铜、镍、锌和铬元素见第二章～第四章介绍。

土壤中无机元素的测定主要有原子吸收分光光度法（AAS法）、电感耦合等离子光谱法（ICP-OES法）、电感耦合等离子质谱法（ICP-MS法）、原子荧光法（AFS法）、波长色散X射线荧光光谱法（XRF法）等。其中AAS法、ICP-OES法、ICP-MS法和AFS法均需经过复杂的前处理过程，将土壤中的无机元素溶解到液体中，费事费力，需要消耗大量的试剂，同时存在消解提取率不可控的问题，而XRF法只需要将待测土壤样品压片即可完成测定。

根据《中国土壤元素背景值》和《土壤环境质量　建设用地土壤污染风险管控标准（试行）》（GB 36600—2018），钡、溴、钴、镓、铪、镧、锰、铷、钪、锶、钍、钛、钒、钇和锆元素的A层土壤背景值的中位值、95%范围值和管控限值见表7-1。

表7-1　钡、溴、钴、镓、铪、镧、锰、铷、钪、锶、钍、钛、钒、钇和锆元素土壤背景和污染管控常用参数值

元素	A层土壤背景值的中位值（mg/kg）	A层土壤背景值95%范围值/（mg/kg）	建设用地筛选值/（mg/kg）		建设用地管制值/（mg/kg）	
			第一类用地	第二类用地	第一类用地	第二类用地
钡	454	251～809	—	—	—	—
溴	3.63	0.46～25.27	—	—	—	—
钴	11.6	4.0～31.2	20	70	190	350

元素	A 层土壤背景值的中位值（mg/kg）	A 层土壤背景值 95% 范围值 / (mg/kg)	建设用地筛选值 / (mg/kg)		建设用地管制值 / (mg/kg)	
			第一类用地	第二类用地	第一类用地	第二类用地
镓	17.0	6.0～41.7	—	—	—	—
铪	7.36	3.89～13.84	—	—	—	—
镧	36.8	18.5～75.3	—	—	—	—
锰	540	130～1 786	—	—	—	—
铷	106	63～184	—	—	—	—
钪	10.8	5.52～20.17	—	—	—	—
锶	147	21～690	—	—	—	—
钍	12.40	6.08～26.93	—	—	—	—
钛	0.38	0.15～0.60	—	—	—	—
钒	76.8	34.8～168.2	165	752	330	1 500
钇	22.1	11.4～41.6	—	—	—	—
锆	228	109～517	—	—	—	—

本章参照《土壤和沉积物　无机元素的测定　波长色散 X 射线荧光光谱法》（HJ 780—2015），对土壤中 25 种无机元素和 7 种氧化物的分析测定方法进行介绍。

一、适用范围

本方法通常适用于土壤和沉积物中 25 种无机元素和 7 种氧化物的测定，包括砷（As）、钡（Ba）、溴（Br）、铈（Ce）、氯（Cl）、钴（Co）、铬（Cr）、铜（Cu）、镓（Ga）、铪（Hf）、镧（La）、锰（Mn）、镍（Ni）、磷（P）、铅（Pb）、铷（Rb）、硫（S）、钪（Sc）、锶（Sr）、钍（Th）、钛（Ti）、钒（V）、钇（Y）、锌（Zn）、锆（Zr）、二氧化硅（SiO_2）、三氧化二铝（Al_2O_3）、三氧化二铁（Fe_2O_3）、氧化钾（K_2O）、氧化钠（Na_2O）、氧化钙（CaO）和氧化镁（MgO）。波长色散 X 射线荧光光谱仪见图 7-1。

图 7-1　波长色散 X 射线荧光光谱仪示意图

二、检出限

25 种无机元素的方法检出限为 1.0～50.0 mg/kg，测定下限为 3.0～150 mg/kg；7 种氧化物的方法检出限为 0.05%～0.27%，测定下限为 0.15%～0.81%（表 7-2）。

表7-2　方法检出限及测定下限

元素 / 化合物	检出限 / （mg/kg）	检出下限 / （mg/kg）	元素 / 化合物	检出限 / （mg/kg）	检出下限 / （mg/kg）
砷	2.0	6.0	硫	30.0	90.0
钡	11.7	35.1	钪	2.4	6.6
溴	1.0	3.0	锶	2.0	6.0
铈	24.1	72.3	钍	2.1	6.3
氯	20.0	60.0	钛	50.0	150
钴	1.6	4.8	钒	4.0	12.0
铬	3.0	9.0	钇	1.0	3.0
铜	1.2	3.6	锌	2.0	6.0
镓	2.0	6.0	锆	2.0	6.0
铪	1.7	5.1	二氧化硅	0.27	0.81
镧	10.6	31.8	三氧化二铝	0.07	0.18
锰	10.0	30.0	三氧化二铁	0.05	0.15
镍	1.5	4.5	氧化钾	0.05	0.15
磷	10.0	30.0	氧化钠	0.05	0.15
铅	2.0	6.0	氧化钙	0.09	0.27
铷	2.0	6.0	氧化镁	0.05	0.15

注：元素质量分数单位为 mg/kg；氧化物质量分数单位为 %

三、方法原理

土壤或沉积物样品经过衬垫压片或铝环（或塑料环）压片后，试样中的原子受到适当的高能辐射激发后，放射出该原子所具有的特征 X 射线，其强度大小与试样中该元素的质量分数成正比。通过测量特征 X

射线的强度来定量分析试样中各元素的质量分数。

四、试剂和材料

本方法使用的试剂和材料主要包括硼酸、高密度低压聚乙烯粉、土壤和沉积物有证标准物质或标准样品、塑料环和氩气－甲烷气（图 7-2）。

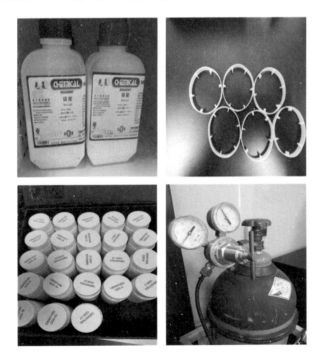

图 7-2　主要试剂和材料示例

硼酸（H_3BO_3）：分析纯。

高密度低压聚乙烯粉：分析纯。

标准样品：土壤、沉积物，含测定 25 种无机元素和 7 种氧化物的市售有证标准物质或标准样品。

塑料环：内径 34 mm。

氩气 – 甲烷气：P10 气体，90% 氩气 +10% 甲烷。

五、仪器和设备

本方法使用的仪器和设备主要包括 X 射线荧光光谱仪、粉末压片机（图 7-3）、分析天平和筛（图 7-4）。

X 射线荧光光谱仪：波长色散型，具备计算机控制系统。

粉末压片机：最大压力 40 t。

分析天平：精度 0.1 mg。

筛：非金属筛，孔径为 0.075 mm，200 目。

图 7-3　压片机示意图

图 7-4　200 目筛示意图

六、样品

（一）样品的采集、保存和前处理

　　土壤样品的采集和保存按照 HJ/T 166 执行，沉积物样品的采集和保存按照 GB 17378.3 和 GB 17378.5 执行。样品的风干或烘干按照 HJ/T 166 及 GB 17378.5 相关规定进行操作，样品研磨后过 200 目筛，于 105℃烘干备用（图 7-5）。

　　XRF 分析中要求待分析样品粒度要与标准样品的粒度相似，否则样品中各元素分析结果误差较大。国家土壤和水系沉积物等标准参考物质的粒度均为过 200 目筛，故土壤样品也要求研磨后过 200 目筛。同时，XRF 分析是在真空中进行的，土壤样品潮湿会影响仪器的真空性能，故在样片制备前将土壤于 105℃烘干。

图 7-5　样品烘干示意图

（二）试样的制备

用硼酸或高密度低压聚乙烯粉垫底、镶边或塑料环镶边，将 5 g 左右过筛样品于压片机上以一定压力压制成 ≥7 mm 厚度的薄片（图 7-6）。根据压力机及镶边材质确定压力及停留时间。

图 7-6　样品压片

XRF 是一种表面分析技术，压制成≥7 mm厚度的薄片使得 X 射线不会完全穿透土壤层而造成测试偏差。部分土壤样品在压制过程中容易开裂，如干燥的砂质土壤，可能需要按比例加入一定的黏结剂（如硼酸或微晶纤维素），增强样品的团聚性。

如果土壤样品在压制过程中按比例添加了一定的黏结剂，标准样品在压制过程中也按同样比例添加黏结剂，保证测试的一致性。

样品制备好后应放于干燥器内保存待测，样品面朝上，轻拿轻放，避免碰撞和污染样品表面（图 7-7）。

图 7-7　土壤样片

七、分析步骤

（一）建立测量方法

根据确定的测量元素，从数据库中选择测量谱线并校正。设置 X 光管的高压和电流、元素的分析线、分光晶体、准直器、探测器、脉冲高度分布（PHA）、背景校正等仪器条件（图 7-8）。

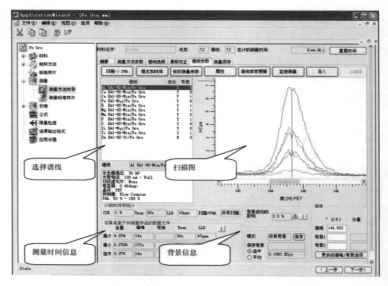

图 7-8　仪器条件设置示意图

电流与电压的选择：电压变化会产生强度变化，但非线性关系；电流增加，强度会成倍增加，即电流与强度呈线性关系。一般重元素选择大电压、小电流，轻元素选择小电压、大电流。准直器越细，平行性越好，分辨率就越好，但透过的光越少，因而信号强度低，灵敏度相应低。使用不同的测量条件（包括不同的 X 光管电压、过滤片、狭缝、晶体和探测器）和扫描条件（包括扫描的 2θ 角度范围、速度等）对样品进行全程扫描，然后对扫描谱图中的谱峰逐一进行定性核查和判别，从谱图中得出谱线重叠干扰和扣除背景情况，脉冲高度分布等测量条件。

（二）校准曲线

按照与试样制备相同的操作步骤，将至少 20 个不同质量分数元素的标准样品压制成薄片。在仪器最佳工作条件下，依次上机测定分析（图 7-9），记录 X 射线荧光强度。以 X 射线荧光强度（kcps）为纵坐标，以对应各元素（或氧化物）的质量分数（mg/kg 或百分数）为横坐标，建立校准曲线（图 7-10）。

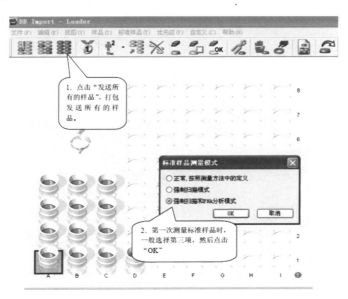

图 7-9　标准样品测试示意图

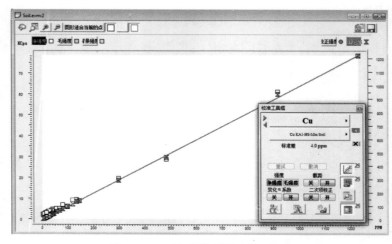

图 7-10　校准曲线绘制示意图

　　XRF 法测定无机元素的准确性主要依赖于通过有证标准样品建立可靠的工作曲线，标准样品应与待分析样品具有相似的类型，即在结构、矿物组成、粒度和化学组成上要尽量接近，且标准样品中各元素应具备足够宽的含量范围和适当的含量梯度。标准土壤或沉积物样品种类越丰富、基质越复杂、各个元素含量分布越广，建立的工作曲线越可靠。实际测试工作中，推荐至少选用 20 个以上不同质量分数元素的标准样品来建立工作曲线。

（三）测定

　　待测试样按照与建立校准曲线相同的条件进行测定（图 7-11）。

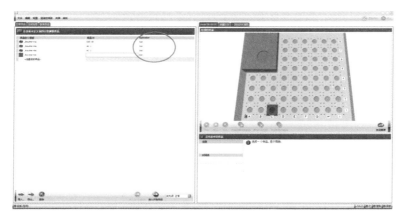

图 7-11　实际样品测试示意图

八、结果计算与表示

土壤及沉积物样品中无机元素（或氧化物）的质量分数（mg/kg 或百分数），按照式（7-1）进行计算：

$$\omega_i = k \times (I_i + \beta_{ij} \times I_k) \times (1 + \sum \alpha_{ij} \times \omega_j) + b \quad （7-1）$$

式中：ω_i——待测无机元素（或氧化物）的质量分数，mg/kg 或 %；

ω_j——干扰元素的质量分数，mg/kg 或 %；

k——校准曲线的斜率；

b——校准曲线的截距；

I_i——待测元素（或氧化物）的 X 射线荧光强度，kcps；

β_{ij}——谱线重叠校正系数；

I_k——谱线重叠的理论计算强度；

α_{ij}——干扰元素对待测元素（或氧化物）的 α 影响系数。

实际测试过程中，以上结果由软件自动完成，仪器直接报出结果（图 7-12）。样品中铝、铁、硅、钾、钠、钙、镁以氧化物含量表示，单位为 %；其他均以元素含量表示，单位为 mg/kg。测定结果氧化物保留四位有效数字，小数点后保留两位；元素保留 3 位有效数字，小数点后保留 1 位。有证标准物质测定结果保留位数参照标准值结果。

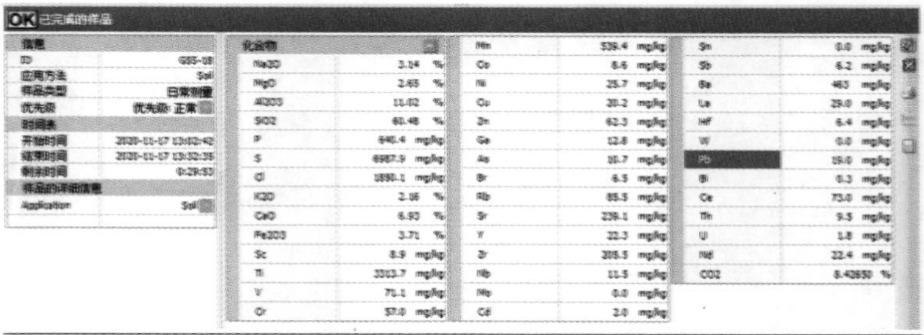

图 7-12　实际样品结果示意图

九、质量保证与质量控制

①应定期对测量仪器进行漂移校正，如更换氩气－甲烷气、环境温湿度变化较大时、仪器停机状态时间较长后开机时，可能对仪器稳定性造成影响，需开展漂移校正。用于漂移校正的样品的物理与化学性

质需保持稳定，漂移量偏大时需重做标准曲线，可使用高质量分数标准化样品进行校正（图7-13）。XRF法测试一般是调用工作曲线，工作曲线是否稳定直接影响测试结果是否可信。

图 7-13　仪器校准样片

②每批样品分析时应至少测定1个土壤或沉积物的国家有证标准物质，其测定值与有证标准物质的相对误差见表7-3。

表 7-3　国家有证标准物质准确度要求

含量范围	准确度
	$\Delta \lg (GBW) = |\lg C_i - \lg C_s|$
检出限3倍以内	≤0.12
检出限3倍以上	≤0.10
1%～5%	≤0.07
>5%	≤0.05

注：C_i为每个GBW标准物质的单次测量值，C_s为GBW标准物质的标准值。

③每批样品应进行 20% 的平行样测定，当样品数小于 5 个时，应至少测定 1 个平行样。测定结果的相对偏差见表 7-4。

表 7-4　平行样最大允许相对偏差

含量范围 /（mg/kg）	最大允许相对偏差 /%
＞100	±5
10～100	±10
1.0～100	±20
0.1～1.0	±25
＜0.1	±30

十、干扰和消除

①试样中待测元素的原子受辐射激发后产生的 X 射线荧光强度值与元素的质量分数及原级光谱的质量吸收系数有关。某元素特征谱线被基体中另一元素光电吸收，会产生基体效应（即元素间吸收－增强效应，见图 7-14）。可通过基本参数法、影响系数法或两者相结合的方法（即经验系数法）进行准确计算处理后消除这种基体效应。

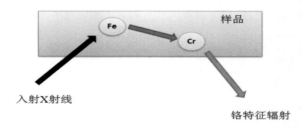

图 7-14　元素间吸收－增强效应示意图

②试样的均匀性和表面特征均会对分析线测量强度造成影响，试样与标准样的粒度等保持一致，则这些影响可以减至最小甚至可忽略不计（图7-15）。

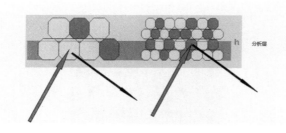

图7-15　样品颗粒效应示意图

③用干扰校正系数校正谱线重叠干扰。重叠干扰校正系数计算方法：通过元素扫描，分析与待测元素分析线有关的干扰线，确定参加谱线重叠校正的干扰元素；利用标准样品直接测定干扰线校正X射线强度的方法，求出谱线重叠校正系数（图7-16）。

图7-16　干扰校正系数示意图

十一、仪器的日常维护

应对X射线荧光光谱仪进行必要的日常维护：

①定期检查外置冷凝水机，及时更换蒸馏水；定期检查内循环冷却水的水位、电导率及水流（图 7-17），软件如有报警（图 7-18），及时添加重蒸水、更换离子交换树脂和内循环水的水泵头。

图 7-17　检查外置冷凝水机示意图

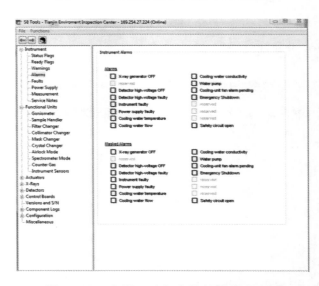

图 7-18　内循环冷却水软件警告示意图

②定期检查真空泵的油位及油质，油位低于正常位置，需要补充到正常位置，如果油质已变得黏稠，颜色变深（图7-19），需要换油。

1　2　3　4　5　6　7　8

图7-19　泵油颜色变化示意图

③定期检查气体管路是否漏气。

④仪器关机一周以上，在测样品前，需先做光管老化（图7-20）。

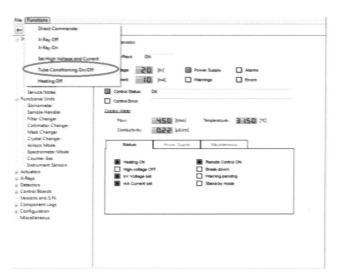

图7-20　光管老化示意图

⑤仪器的光路部分经过维修或 P10 气体更换后，需对光谱仪进行对光（图 7-21）。

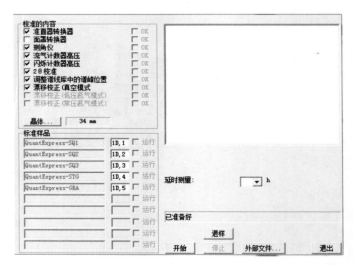

图 7-21　光谱仪对光示意图

⑥ X 射线荧光光谱仪是比较精密的仪器，不仅实验室要求保持干净，仪器内部也要求保持干净。对于经常测量粉末压片样品的用户，最好每天清扫进样器样品台，半个月清扫一次样品室。

⑦仪器不可长期搁置，每月至少通电运行一次，每次维护后，填写仪器维护记录。

十二、注意事项

①当更换氩气 - 甲烷气体后，应进行漂移校正或重新建立校准曲线。

②当样品基体明显超出本方法规定的土壤和沉积物校准曲线范围时，或当元素质量分数超出测量范围时，应使用其他国家标准方法进行验证。

③硫和氯元素具有不稳定性、极易受污染等特性，分析含硫和氯元素的样品时，制备后的试样应立即测定。

④样品中二氧化硅质量分数大于80%，本方法不适用。

⑤更换 X 光管后，调节电压、电流时，应从低电压、电流逐步调节至工作电压、电流。

第八章 分光光度法测定土壤中
氰化物和总氰化物

DIBAZHANG　FENGUANG GUANGDUFA CEDING TURANGZHONG
QINGHUAWU HE ZONG QINGHUAWU

氰化物是一种含有氰基的化合物，可分为无机氰化物和有机氰化物两种。常见的无机氰化物有简单氰化物、络合氰化物、硫氰酸盐等；有机氰化物有乙腈、丙腈、丁腈和丙烯腈等腈类化合物。氰化物是一种剧毒物质，吸入、口服或经皮肤吸收均可引起急性中毒，口服 50～100 mg 即可引起猝死。

氰化物广泛存在于自然界，土壤中也普遍含有氰化物。天然土壤中的氰化物主要来自土壤腐殖质，土壤中氰化物随土壤深度增加而递减，其含量范围为0.003～0.130 mg/kg。

湿法炼金和电镀等工业活动大量使用氰化物，原材料泄漏或"三废"处置不当时可能造成土壤污染，对环境安全和人类健康造成潜在威胁。

测定水中氰化物的方法较多，有荧光法、分光光度法、离子选择电极法、离子色谱法和流动注射分析法等。测定土壤中氰化物的标准方法目前只有分光光度法。

根据《土壤环境质量 建设用地土壤污染风险管控标准（试行）》（GB 36600—2018），氰化物管控限值见表8-1。

表 8-1　氰化物污染管控常用参数值

元素	建设用地筛选值 / (mg/kg)		建设用地管制值 / (mg/kg)	
	第一类用地	第二类用地	第一类用地	第二类用地
氰化物	22	135	44	270

本章参照《土壤　氰化物和总氰化物的测定　分光光度法》(HJ 745—2015)，对土壤中氰化物和总氰化物的分析测定方法进行介绍。

一、适用范围

本方法通常适用于土壤中氰化物和总氰化物的测定。

二、检出限

当样品量为 10 g，异烟酸 – 巴比妥酸分光光度法的检出限为 0.01 mg/kg，测定下限为 0.04 mg/kg；异烟酸 – 吡唑啉酮分光光度法的检出限为 0.04 mg/kg，测定下限为 0.16 mg/kg（图 8-1）。

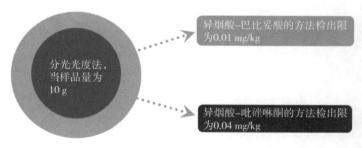

分光光度法，当样品量为 10 g

异烟酸–巴比妥酸的方法检出限为 0.01 mg/kg

异烟酸–吡碰啉酮的方法检出限为 0.04 mg/kg

图 8-1　方法检出限

三、术语和定义

（一）氰化物

在 pH=4 介质中，硝酸锌存在下，加热蒸馏能形成氰化氢的氰化物，包括全部简单氰化物（多为碱金属和碱土金属的氰化物）和锌氰络合物，不包括铁氰化物、亚铁氰化物、铜氰络合物、镍氰络合物和钴氰络合物（图 8-2）。

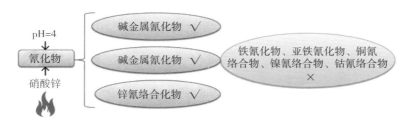

图 8-2　氰化物含义示意图

（二）总氰化物

在 pH<2 磷酸介质中，二价锡和二价铜存在下，加热蒸馏能形成氰化氢的氰化物，包括全部简单氰化物（多为碱金属和碱土金属的氰化物，铵的氰化物）和绝大部分络合氰化物（图 8-3）。

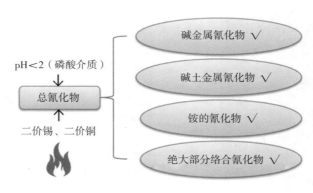

图 8-3　总氰化物含义示意图

四、方法原理

（一）异烟酸 – 巴比妥酸分光光度法

　　试样中的氰离子在弱酸性条件下与氯胺 T 反应生成氯化氰，然后与异烟酸反应，经水解后生成戊烯二醛，最后与巴比妥酸反应生成紫蓝色化合物，该物质在 600 nm 波长处有最大吸收（图 8-4）。

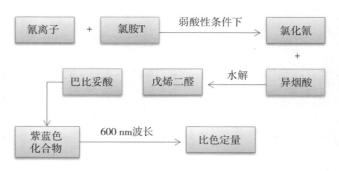

图 8-4　异烟酸 – 巴比妥酸分光光度法测定原理示意图

（二）异烟酸－吡唑啉酮分光光度法

试样中的氰离子在中性条件下与氯胺 T 反应生成氯化氰，然后与异烟酸反应，经水解后生成戊烯二醛，最后与吡唑啉酮反应生成蓝色染料，该物质在 638 nm 波长处有最大吸收（图 8-5）。

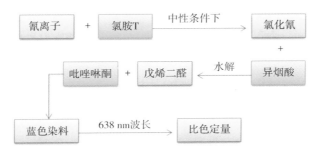

图 8-5　异烟酸－吡唑啉酮分光光度法测定原理示意图

185

五、试剂和材料

分析时均使用符合国家标准的试剂，纯度应达到分析纯以上；实验用水为新制备的蒸馏水或去离子水。主要试剂及配制方法见表 8-2。

表 8-2　主要试剂及配制方法

序号	试剂名称	浓度	称（量）取量	定容体积（溶剂）
1	酒石酸溶液（$C_4H_6O_6$）	150 g/L	15.0 g	100 ml（水）
2	硝酸锌溶液[$Zn(NO_3)_2 \cdot 6H_2O$]	100 g/L	10.0 g	100 ml（水）
3	盐酸溶液（HCl）	1 mol/L	83 ml	1 000 ml（水）
4	氯化亚锡溶液（$SnCl_2 \cdot 2H_2O$）	50 g/L	5.0 g	溶于 40 ml 盐酸溶液（1 mol/L）中，再用水稀释定容至 100ml
5	硫酸铜溶液（$CuSO_4 \cdot 5H_2O$）	200 g/L	200 g	1 000 ml（水）
6	氢氧化钠溶液（NaOH）	100 g/L	100 g	1 000 ml（水）（贮于聚乙烯容器中）
7	氢氧化钠溶液（NaOH）	10 g/L	10.0 g	1 000 ml（水）（贮于聚乙烯容器中）
8	氢氧化钠溶液（NaOH）	15 g/L	15.0 g	1 000 ml（水）（贮于聚乙烯容器中）

续表

序号	试剂名称	浓度	称（量）取量	定容体积（溶剂）
9	氯胺 T 溶液（$C_7H_7ClNNaO_2S \cdot 3H_2O$）	10 g/L	1.0 g	100 ml（水）（贮于棕色瓶中，临用现配）
10	磷酸二氢钾溶液（KH_2PO_4）	pH=4	136.1 g	溶于水中，加入 2.0 ml 冰乙酸（$C_2H_4O_2$），用水稀释至 1 000 ml，摇匀
11	异烟酸 - 巴比妥酸显色剂	—	2.50 g 异烟酸（$C_6H_6NO_2$）1.25 g 巴比妥酸（$C_4H_4N_2O_3$）	溶于 100 ml 氢氧化钠溶液（15 g/L）中，临用现配
12	氢氧化钠溶液（NaOH）	20 g/L	20.0 g	1 000 ml（水）（贮于聚乙烯容器中）
13	磷酸盐缓冲溶液	pH=7	34.0 g 无水磷酸二氢钾（KH_2PO_4）35.5 g 无水磷酸氢二钠（Na_2HPO_4）	1 000 ml（水）

续表

序号	试剂名称	浓度	称（量）取量	定容体积（溶剂）
14	异烟酸溶液（$C_6H_6NO_2$）	—	1.5 g	溶于 25 ml 氢氧化钠溶液（20 g/L）中，加水稀释定容至 100 ml；异烟酸配成溶液后如呈明显浅黄色，使空白值增高，可过滤
15	吡唑啉酮溶液（$C_{10}H_{10}ON_2$）	—	0.25 g	溶于 20 ml N,N-二甲基甲酰胺 [$HCON(CH_3)_2$] 中。实验中以选用无色的 N,N-二甲基甲酰胺为宜
16	异烟酸-吡唑啉酮显色剂	—	将吡唑啉酮溶液和异烟酸溶液按 1∶5 混合	临用现配
17	氰化钾标准贮备溶液	50 μg/ml	—	直接购买市售有证标准物质
18	氰化钾标准使用溶液	0.500 μg/ml	—	吸取 10.00 ml 氰化钾标准贮备溶液（50 μg/ml）于 1 000 ml 棕色容量瓶中，用氢氧化钠溶液（10 g/L）稀释至标线，摇匀，临用时现配

实验前应对实验用水、所用试剂进行符合性检查，并做好相关记录（图8-6和图8-7）。

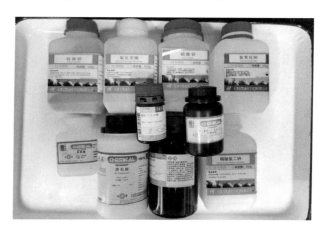

图8-6 主要试剂示例

第一行从左至右依次为硫酸铜、氯化亚锡、硝酸锌、氢氧化钠；第二行从左至右依次为异烟酸、酒石酸、巴比妥酸、磷酸氢二钠；中间为氯胺T和吡唑啉酮

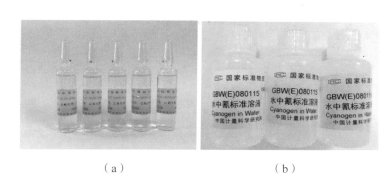

（a） （b）

图8-7 标准贮备溶液示例

（a）—生态环境部标准样品所提供，（b）—中国计量科学院提供

六、仪器和设备

除非另有说明，分析时均使用符合国家标准 A 级玻璃量器。主要仪器设备有分光光度计（图 8-8）、分析天平、恒温水浴装置（图 8-9）、全玻璃蒸馏器（也可采用智能一体化蒸馏仪，见图 8-10）、接收瓶（图 8-11）、具塞比色管、量筒（图 8-12）和一般实验室常用仪器和设备（图 8-13）。

图 8-8　分光光度计示意图

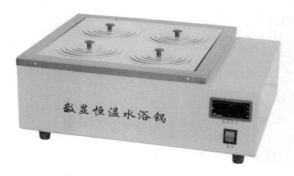

图 8-9　恒温水浴装置示意图

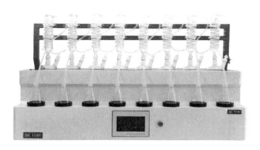

图 8-10　智能一体化蒸馏仪示意图

图 8-11　接收瓶（100 ml 容量瓶）　图 8-12　250 ml 量筒

图 8-13　移液管

七、样品

（一）采集与保存

采样点位的布设和采样方法按照《土壤监测技术规范》（HJ/T 166）执行，样品采集后用可密封的聚乙烯或玻璃容器在4℃左右冷藏保存，样品要充满容器，并在采集后48 h内完成样品分析（图8-14）。

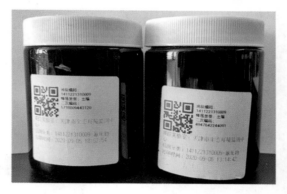

图 8-14 国家土壤环境监测网实际土壤样品

（二）样品称量

称取约10 g干重的样品于称量纸上（精确到0.01 g），略微裹紧后移入蒸馏瓶。如样品中氰化物含量较高，可适当减少样品量或对吸收液（试样A）稀释后进行测定。另称取样品按照《土壤 干物质和水分的测定 重量法》（HJ 613）进行干物质的测定。

注意减少样品量或对吸收液进行稀释后测定会影响方法检出限。

（三）氰化物试样制备

首先连接好蒸馏装置，打开冷凝水，在接收瓶中加入 10 ml 氢氧化钠溶液（10 g/L）作为吸收液。在加入试样后的蒸馏瓶中依次加 200 ml 水、3.0 ml 氢氧化钠溶液（100 g/L）和硝酸锌溶液（100 g/L），摇匀，迅速加入 5.0 ml 酒石酸溶液（150 g/L），立即盖塞。打开电炉，由低挡逐渐升高，馏出液以 2～4 ml/min 速度进行加热蒸馏。接收瓶内试样近 100 ml 时，停止蒸馏，用少量水冲洗馏出液导管后取出接收瓶，用水定容（V_1），此为试样 A。氰化物试样制备过程见图 8-15。

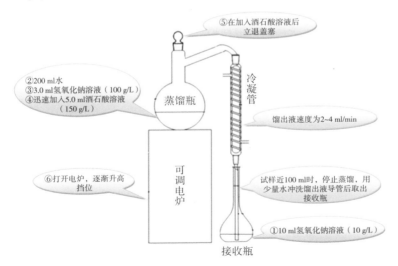

图 8-15　氰化物试样制备过程操作示意图

（四）总氰化物试样制备

首先连接好蒸馏装置，打开冷凝水，在接收瓶中加入 10 ml 氢氧化钠溶液（10 g/L）作为吸收液。在加入试样后的蒸馏瓶中依次加 200 ml 水、3.0 ml 氢氧化钠溶液（100 g/L）、2.0 ml 氯化亚锡溶液（50 g/L）和 10 ml 硫酸铜溶液（200 g/L），摇匀，迅速加入 10 ml 磷酸，立即盖塞。打开电炉，由低挡逐渐升高，馏出液以 2~4 ml/min 速度进行加热蒸馏。接收瓶内试样近 100 ml 时，停止蒸馏，用少量水冲洗馏出液导管后取出接收瓶，用水定容（V_1），此为试样 A。总氰化物试样制备过程见图 8-16。

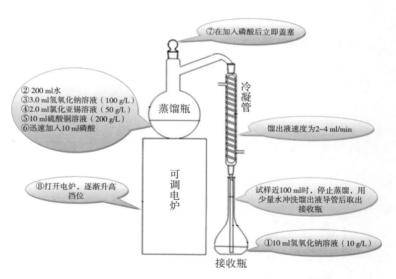

图 8-16　总氰化物试样制备过程操作示意图

（五）空白试样制备

蒸馏瓶中只加 200 ml 水和 3.0 ml 氢氧化钠溶液（100 g/L），按步骤（三）或（四）操作，得到空白试验试样 B。

八、分析步骤

（一）校准曲线绘制

1. 异烟酸－巴比妥酸分光光度法

取 6 支 25 ml 具塞比色管，分别加入氰化钾标准使用溶液（0.500 μg/ml）0.00 ml、0.10 ml、0.50 ml、1.50 ml、4.00 ml 和 10.00 ml，再加入氢氧化钠溶液（10 g/L）至 10 ml。标准系列中氰离子的含量分别为 0.00 μg、0.05 μg、0.25 μg、0.75 μg、2.00 μg、5.00 μg。向各管中加入 5 ml 磷酸二氢钾溶液（pH=4），混匀，迅速加入 0.30 ml 氯胺 T 溶液（10 g/L），立即盖塞，混匀，放置 1～2 min。向各管中加入 6.0 ml 异烟酸－巴比妥酸显色剂，加水稀释至标线，摇匀，于 25℃显色 15 min（15℃显色 25 min；30℃显色 10 min）。分光光度计在 600 nm 波长下，用 10 mm 比色皿，以水为参比，测定吸光度。以氰离子的含量（μg）为横坐标，以扣除试剂空白后的吸光度为纵坐标，绘制校准曲线。

校准曲线系列信息见表 8-3，校准曲线绘制示意图见图 8-17，校准曲线显色示例见图 8-18。

表 8-3　校准曲线系列信息

分析编号	1	2	3	4	5	6
标准溶液加入体积 /ml	0.00	0.10	0.50	1.50	4.00	10.00
标准溶液加入量 /μg	0.00	0.05	0.25	0.75	2.00	5.00
注：氰化钾标准使用溶液浓度为 0.500 μg/ml；校准曲线回归方式为绝对量—吸光度。						

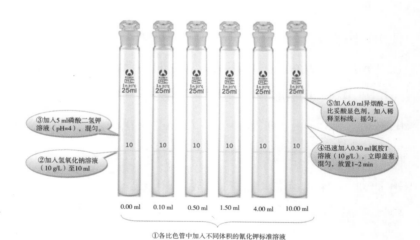

③加入 5 ml 磷酸二氢钾溶液（pH=4），混匀。

②加入氢氧化钠溶液（10 g/L）至 10 ml

⑤加入 6.0 ml 异烟酸-巴比妥酸显色剂，加入稀释至标线，摇匀。

④迅速加入 0.30 ml 氯胺 T 溶液（10 g/L），立即盖塞，混匀，放置 1~2 min。

0.00 ml　　0.10 ml　　0.50 ml　　1.50 ml　　4.00 ml　　10.00 ml

①各比色管中加入不同体积的氰化钾标准溶液

图 8-17　异烟酸 – 巴比妥酸分光光度法标准曲线绘制示意图

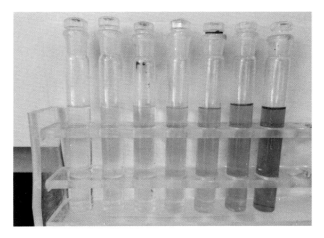

图 8-18　异烟酸－巴比妥酸分光光度法标准曲线显色图

注：左起第一支和第二支比色管为曲线零点样品。

2. 烟酸－吡唑啉酮分光光度法

取 6 支 25 ml 具塞比色管，分别加入氰化钾标准使用溶液（0.500 μg/ml）0.00 ml、0.10 ml、0.50 ml、1.50 ml、4.00 ml 和 10.00 ml，再加入氢氧化钠溶液（10 g/L）至 10 ml。标准系列中氰离子的含量分别为0.00 μg、0.05 μg、0.25 μg、0.75 μg、2.00 μg、5.00 μg。向各管中加入 5.0ml 磷酸盐缓冲溶液（pH=7），混匀，迅速加入 0.20 ml 氯胺 T（10 g/L）溶液，立即盖塞，混匀，放置 1～2 min。向各管中加入 5.0 ml异烟酸－吡唑啉酮显色剂，加水稀释至标线，摇匀，于 25～35℃的水浴装置中显色 40 min。分光光度计在 638 nm 波长下，用 10 mm 比色皿，以水为参比，测定吸光度。以氰离子的含量（μg）为横坐标，以扣除试剂空白后的吸光度为纵坐标，绘制校准曲线（图8-19）。标准曲线显色示例见图8-20，显色对比见图8-21。

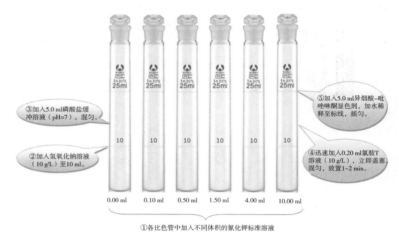

③加入5.0 ml磷酸盐缓冲溶液（pH=7），混匀。

②加入氢氧化钠溶液（10 g/L）至10 ml。

⑤加入5.0 ml异烟酸-吡唑啉酮显色剂，加水稀释至标线，摇匀。

④迅速加入0.20 ml氯胺T溶液（10 g/L），立即盖塞，混匀，放置1~2 min。

0.00 ml　0.10 ml　0.50 ml　1.50 ml　4.00 ml　10.00 ml

①各比色管中加入不同体积的氰化钾标准溶液

图 8-19　异烟酸－吡唑啉酮分光光度法标准曲线绘制示意图

图 8-20　异烟酸－吡唑啉酮分光光度法标准曲线显色图

注：左起第一支和第二支比色管为曲线零点样品。

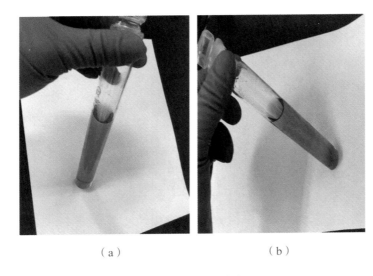

（a） （b）

图 8-21　显色对比图

（a）—巴比妥酸法的蓝紫色，（b）—吡唑啉酮法的蓝色

氰化氢易挥发，因此，本部分（一）中 1. 和 2. 中每一步骤操作都要迅速，并及时盖紧瓶塞。

（二）试样的测定

从试样 A 中吸取 10 ml 试料 A 于 25 ml 具塞比色管中，按本部分（一）中 1. 或 2. 进行操作。

（三）空白试验

从试样 B 中吸取 10.0 ml 空白试料 B 于 25 ml 具塞比色管中，按本部分（一）中 1. 或 2. 进行操作。

九、结果计算与表示

（一）结果计算

氰化物或总氰化物含量 ω（mg/kg），以氰离子（CN^-）计，按式（8-1）计算：

$$\omega = \frac{(A - A_0 - a) \times V_1}{b \times m \times w_{dm} \times V_2} \tag{8-1}$$

式中：ω——氰化物或总氰化物（105℃干重）的含量，mg/kg；

A——试料 A 的吸光度；

A_0——空白试料 B 的吸光度；

a——校准曲线截距；

b——校准曲线斜率；

V_1——试样 A 的体积，ml；

V_2——试料 A 的体积，ml；

m——称取的样品质量；

w_{dm}——样品中干物质含量，%。

（二）结果表示

当测定结果小于 1 mg/kg，保留小数点后 2 位；当测定结果大于等于 1 mg/kg，保留 3 位有效数字。

十、质量保证和质量控制

主要包括对空白、曲线校准、精密度和准确度的要求和规定，详见图 8-22。

每批样品应做10%的平行样，氰化物的相对偏差应小于25%；总氰化物应小于15%。如样品不均匀，应在满足精密度的要求下做至少两个平行样，取均值报出结果。

每批样品应做10%的加标样分析，氰化物和总氰化物的加标回收率均应控制在70%~120%之间。氰化物的加标物使用氰化物标准溶液，总氰化物的加标物可使用铁氰化钾标准溶液（配制与标定见HJ 745—2015附录A），加标后的样品与待测样品同步处理。

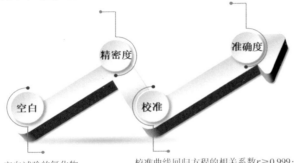

空白试验的氰化物和总氰化物的含量应小于方法检出限。

校准曲线回归方程的相关系数 $r \geq 0.999$；每批样品应做一个中间校核点，其测定值与校准曲线相应点浓度的相对偏差应不超过5%。定期使用有证标准物质进行检验。

图 8-22　质量保证和质量控制措施

十一、注意事项

①当试样微粒不能完全在水中均匀分散，而是积聚在试剂—空气表面或试剂—玻璃器壁界面时，将导致准确度和精密度降低，可在蒸馏前加 5 ml 乙醇用以消除影响。

②试样中存在硫化物会干扰测定，蒸馏时加入的硫酸铜可以抑制硫化物的干扰。

③试料中酚的含量低于 500 mg/L 时不影响氰化物的测定。

④油脂类的干扰可在显色前加入十二烷基硫酸钠予以消除。

十二、废物处理

实验中产生的废液应集中收集，并进行明显标识，如"有毒废液（氰化物）"（图 8-23），并委托有资质的单位处置。

图 8-23　废液收集桶

第九章　离子选择电极法测定
土壤中氟化物

DIJIUZHANG LIZI XUANZE DIANJIFA CEDING TURANGZHONG FUHUAWU

氟在地壳中的平均含量为 0.072%。土壤中的氟含量差异较大，主要与母岩、成土母质及土壤类型有关。氟作为非金属元素中化学性质最活泼的元素几乎能与所有金属、非金属剧烈反应，因此在自然界中并不存在游离态的氟，而多以 −1 价态的氟化合物形式存在。

氟是动物和人体必需的微量元素，与人体生命活动及牙齿、骨骼组织代谢密切相关，适量的氟可以促进牙齿珐琅质对细菌酸性腐蚀的抵抗力，防止龋齿，过量摄入则会影响健康，产生氟斑牙，甚至引起氟骨症等。短时间摄入大剂量可溶性氟化物，会引起急性氟中毒，高浓度的含氟气体进入呼吸道后，刺激鼻和上呼吸道，引起黏膜溃疡和上呼吸道炎症，重者可引起化学性肺炎、肺水肿和反应性窒息。长期接触过量的氟化物，会引起以骨骼改变为主的全身性疾病，可因骨骼畸形压迫神经，影响正常生活和工作能力。

目前，测定氟化物常用氟试剂比色法、茜素磺酸锆目视比色法、离子色谱法和离子选择电极法。氟试剂比色法使用分光光度计分析准确度和重现性较好，但检测过程较烦琐、时间长。茜素磺酸锆目视比色法更为简便、经济、方便快速，但测定误差较大。离子色谱法对痕量氟化物测定准确且不易受其他物质干扰，但其仪器成本高且分析速度较慢。离子选择电极法具有仪器简单、操作便捷、检出限较低、灵敏度高等优点，普遍适用于氟化物的测定。

本章参照《土壤质量　氟化物的测定　离子选择电极法》（GB/T 22104—2008），对土壤中氟化物的分析测定方法进行介绍。

一、适用范围

本方法通常适用于土壤中氟化物的测定。

二、检出限

本标准方法的检出限为 2.5 μg。

三、方法原理

当氟电极与试验溶液接触时，所产生的电极电位与溶液中氟离子活度的关系服从能斯特方程。

当控制试验溶液的总离子强度为定值时，电极电位随试液中氟离子浓度的变化而变化。可加入总离子强度缓冲溶液，以清除或减少不同浓度的离子间引力大小的差异，使其活度系数为 1，用浓度代替活度。

样品用氢氧化钠在高温熔融后，用热水浸取，并加入适量盐酸，使有干扰作用的阳离子变为不溶的氢氧化物，经澄清去除后调节溶液的 pH 至近中性，在总离子强度缓冲溶液存在的条件下，用氟离子选择电极法测定（图 9-1）。

图 9-1　方法流程图

四、试剂材料

本方法使用的试剂除另有说明，均为分析纯试剂，所用水为去离子水或无氟蒸馏水。

盐酸溶液：体积比 1∶1；

氢氧化钠固体：粒片状；

氢氧化钠溶液：0.2 mol/L，称取 0.80 g 氢氧化钠，溶于水后，用水稀释至 100 ml；

溴甲酚紫指示剂：0.04%，称取 0.10 g 溴甲酚紫，溶于 9.25 ml 氢氧化钠溶液中，用水稀释至 250 ml；

总离子强度缓冲溶液 I（TISAB I）：称取 294 g 柠檬酸钠（$Na_3C_6H_5O_7 \cdot 2H_2O$）于 1 000 ml 烧杯中，加入约 900 ml 水溶解，用盐酸溶液调节 pH 至 6.0～7.0，转入 1 000 ml 容量瓶中，用水稀释至标线，摇匀；

总离子强度调节缓冲溶液Ⅱ（TISAB Ⅱ）：称取 140.2 g 六次甲基四胺［$(CH_2)_6N_4$］、101.1 g 硝酸钾（KNO_3）和 49.8 g 钛铁试剂（$C_6H_4Na_2O_8S_2 \cdot H_2O$），加水溶解，调节 pH 至 6.0～7.0，转入 1 000 ml 容量瓶中，用水稀释至标线，摇匀；

氟标准储备溶液：准确称取基准氟化钠（NaF，10～110 ℃烘干 2 h）0.221 0 g，加水溶解后，转入 1 000 ml 容量瓶中，用水稀释至标线，摇匀。贮于聚乙烯瓶中，此溶液每毫升含氟 100 μg。

氟标准使用溶液：准确吸取 10.00 ml 氟标准贮备溶液于 100 ml 容量瓶中，用水稀释至标线，摇匀。此溶液每毫升含氟 10.0 μg。

所用主要试剂示例见图 9-2，市售氟化物标准溶液及标准物质示例见图 9-3。

图 9-2 离子选择电极法测定土壤中氟化物所用主要试剂示例

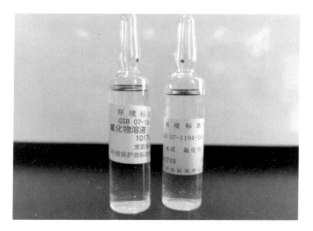

图 9-3　市售氟化物标准溶液与标准物质示例

五、仪器和设备

离子计及氟离子选择电极（精度 ±0.1 mV）（图 9-4、图 9-5）；

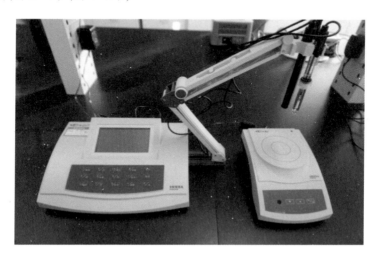

图 9-4　台式离子计示意图

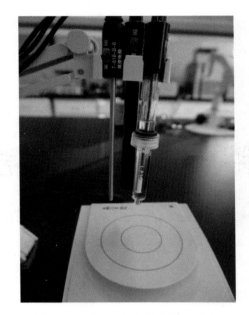

图 9-5　氟离子选择电极示意图

磁力搅拌器及包有聚乙烯的搅拌子（图 9-6）；

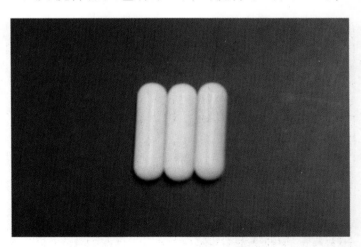

图 9-6　磁子示意图

聚乙烯烧杯：100 ml；

容量瓶：50 ml、100 ml、1000 ml；

镍坩埚：50 ml；

高温电炉：温度可调（0～1 000℃）（图 9-7）；

尼龙筛：孔径 2 mm 和 0.150 mm。

图 9-7　高温电炉示意图

六、样品

样品风干后用木棒压碎，去除石子和动植物残体等异物，过 2 mm（10 目）尼龙筛。过筛样品全部置于聚乙烯薄膜上，充分混匀，用四分法缩分为约 100 g。用玛瑙研钵研磨土样至全部通过 0.150 mm（100 目）尼龙筛，混匀后备用。

七、实验步骤

（一）试液的制备

准确称取过 0.150 mm 筛的土样 0.2 g（准确至 0.000 2 g）于 50 ml 镍坩埚中。

加入 2 g 氢氧化钠（图 9-8），放入高温电炉中加热（图 9-9），由低温逐渐缓缓加热升至 550～570℃后，继续保温 20 min。

图 9-8　于样品上均匀覆盖氢氧化钠示意图

图 9-9　使用高温电炉加热熔融示意图

取出冷却，用约 50 ml 煮沸的热水分几次浸取，直至熔块完全溶解（图 9-10、图 9-11），全部转入 100 ml 容量瓶中（图 9-12），再缓缓加入 5 ml 盐酸（图 9-13），不停摇动。冷却后加水至标线，摇匀。放置澄清，待测。

图 9-10　样品熔融状态示意图

图 9-11　热水煮沸溶解熔块示意图

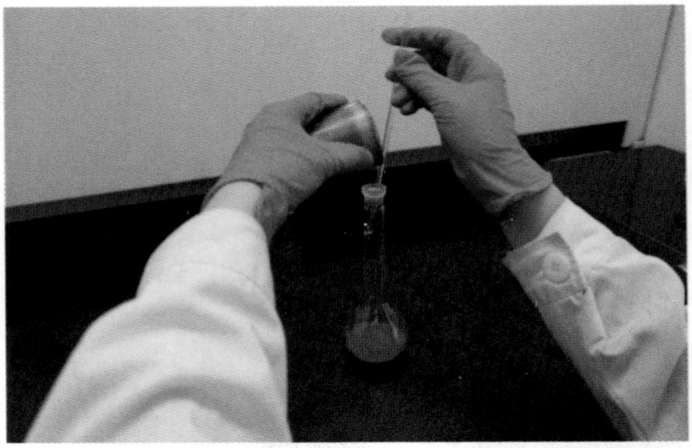

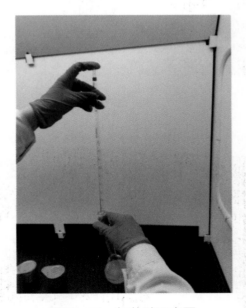

图 9-12　样品转入容量瓶示意图

图 9-13　加盐酸示意图

（二）测定

①准确吸取样品溶液的上清液 10.0 ml，放入 50 ml 容量瓶中，加 1～2 滴溴甲酚紫指示剂边摇边逐滴加入盐酸，直至溶液由蓝紫色刚变为黄色为止（图 9-14）。加入 15 ml 总离子强度缓冲溶液用水稀释至标线，摇匀。

图 9-14　加入溴甲酚紫指示剂前后溶液颜色对比图

②将试液倒入聚乙烯烧杯中，放入搅拌子，置于磁力搅拌器上，插入氟离子电极，测量试液的电位（图 9-15），在搅拌状态下，平衡 3 min，读取电极电位值（mV）（图 9-16）。

图 9-15　仪器测定状态图

图 9-16　示值读取界面示例图

（三）空白实验

　　不加样品按本部分（一）制备全程序试剂空白溶液，并按步骤（二）进行测定。每批样品制备两个空白溶液。

（四）标准曲线的绘制

准确吸取氟标准工作溶液 0.00 ml、0.50 ml、1.00 ml、2.00 ml、5.00 ml、10.0 ml 和 20.0 ml，分别于 50 ml 容量瓶中，加入 10.0 ml 试剂空白溶液。

以下按本部分（二）所述步骤，从空白溶液开始由低浓度到高浓度顺序依次进行测定。以毫伏数（mV）和氟含量（μg）绘制对数标准曲线。校准曲线浓度和配制方法可按表 9-1 中浓度配制各标准曲线（图 9-17）。

表 9-1　氟化物曲线配制浓度

分析编号	1	2	3	4	5	6	7
标准工作溶液加入体积 /ml	0.00	0.50	1.00	2.00	5.00	10.0	20.0
氟含量 /μg	0	5.0	10.0	20.0	50.0	100	200

图 9-17　标准曲线系列配制图

八、结果表示

土壤中氟含量 c（mg/kg）按式（9-1）计算：

$$c = \frac{m - m_0}{w} \times \frac{V_总}{V} \qquad (9\text{-}1)$$

式中：m—— 样品氟的含量，μg；

m_0—— 空白氟的含量，μg；

w—— 称取试样质量，g；

$V_总$—— 试样定容体积，ml；

V—— 测定时吸取试样溶液体积，ml。

九、精密度和准确度

按照本方法测定土壤中氟化物，其相对误差的绝对值不得超过 10%。在重复条件下，获得的两次独立测定结果的相对偏差不得超过 10%。本方法质控要求见图 9-18。

图 9-18　本方法质控要求

十、注意事项

①电极法测定的是游离氟离子，能与氟离子形成稳定络合物的高价阳离子及氢离子干扰测定。根据络合物的稳定常数及实验研究证明，Al^{3+} 的干扰最严重，Zr^{4+}、Sc^{3+}、Th^{4+}、Ce^{4+} 等次之，Fe^{3+}、Ti^{4+}、Ca^{2+}、Mg^{2+} 等也有干扰。其他阳离子和阴离子均不干扰。

②在碱性溶液中，当 OH^- 的浓度大于 F^- 浓度的 $1/10$ 时也有干扰。

③加入总离子强度缓冲溶液可消除干扰，使试液的 pH 保持在 $6.0 \sim 7.0$ 时，氟电极即可在理想的范围内进行测定。

④每次测量之前，都要用水充分冲洗电极（图 9-19），并用滤纸吸去水分（图 9-20）。

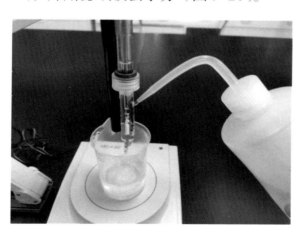

图 9-19　清洗电极示意图

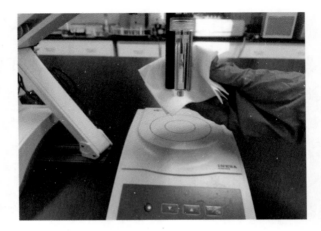

图 9-20　擦拭电极示意图

参考文献

［1］中国环境监测总站.土壤环境监测技术要点分析［M］.北京：中国环境出版社，2017.

［2］中国环境监测总站.土壤环境监测技术要点分析（第二辑）［M］.北京：中国环境出版集团，2018.

［3］生态环境部.土壤环境监测分析方法［M］.北京：中国环境出版集团，2019.

［4］中国环境监测总站.土壤环境元素背景值［M］.北京：中国环境科学出版社，1990.

［5］生态环境部，国家市场监督管理总局.土壤环境质量　农用地土壤污染风险管控标准（试行）：GB 15618—2018［S］.北京：中国环境出版集团，2018.

［6］生态环境部，国家市场监督管理总局.土壤环境质量　建设用地土壤污染风险管控标准（试行）：GB 36600—2018［S］.北京：中国环境出版集团，2018.

［7］国家环境保护局.土壤质量铅、镉的测定石墨炉原子吸收分光光度法：GB/T 17141—1997［S］.北京：中国标准出版社，1997.

［8］生态环境部.土壤和沉积物　铜、锌、铅、镍、铬的测定　火焰原子吸收分光光度法：HJ 491—2019［S］.北京：中国环境出版集团，2019.

［9］李昌厚.原子吸收分光光度计仪器及应用［M］.北京：科学出版社，2006.

［10］郑月.原子吸收分光光度计的日常维护和使用中的注意事项

［J］. 广东化工，2013，40（19）：70-79.

［11］https://baijiahao.baidu.com/s?id=1652411158019615977

［12］生态环境部. 土壤和沉积物　汞、砷、硒、铋、锑的测定　微波消解/原子荧光法：HJ 680—2013［S］. 北京：中国环境出版社，2013.

［13］中华人民共和国国家质量监督检验检疫总局，中国国家标准化管理委员会. 土壤质量　总汞、总砷、总铅的测定　原子荧光法　第1部分　土壤中总汞的测定：GB 22105.1—2008［S］. 北京：中国标准出版社，2008.

［14］中华人民共和国国家质量监督检验检疫总局，中国国家标准化管理委员会. 土壤质量　总汞、总砷、总铅的测定　原子荧光法　第2部分　土壤中总砷的测定：GB 22105.2—2008［S］. 北京：中国标准出版社，2008.

［15］刘迎晖，郑楚光，程俊峰，等. 燃煤烟气中汞的形态及其分析方法［J］. 燃料化学学报，2000（5）：463-467.

［16］刘冠男，陈明，李悟庆，等. 土壤中砷的形态及其连续提取方法研究进展［J］. 农业环境科学学报，2018，37（12）：2629-2638.

［17］史文娇，岳天祥，石晓丽，等. 土壤连续属性空间插值方法及其精度的研究进展［J］. 自然资源学报，2012，27（1）：163-175.

［18］师文焕. 原子荧光检测技术及其不确定性分析［J］. 信息系统工程，2011（5）：147-148.

［19］陈汉斌. 原子荧光法研究水中汞的稳定性及影响因素［J］. 海峡预防医学杂志，2013，19（4）：46-47.

［20］薛瑞敏，王蓉慧，朱雪梅，等. 场地污染土壤中总汞的分析方法［J］. 西北农业学报，2012，21（6）：196-201.

［21］雷国龙，付全凯，姜林，等. 基于土壤汞形态归趋的健康风

险评估方法［J］.环境科学研究，2020，33（3）：728-735.

［22］环境保护部.土壤和沉积物　无机元素的测定　波长色散 X
　　　射线荧光光谱法：HJ 780—2015［S］.北京：中国环境出版
　　　社，2015.

［23］殷惠民，杜祯宇，任立军，等.波长色散 X 射线荧光光谱
　　　谱线重叠和基体效应校正系数有效性判断及在土壤、沉积
　　　物重金属测定中的应用［J］.冶金分析，2018，38（7）：
　　　1-11.

［24］田衍，郭伟臣，杨永，等.波长色散 X 射线荧光光谱法测
　　　定土壤和水系沉积物中 13 种重金属元素［J］.冶金分析.
　　　2019，39（10）：30-36.

［25］宋苏环，黄衍信，谢涛，等.波长色散型 X 射线荧光光谱
　　　仪与能量色散型 X 射线荧光光谱仪的比较［J］.现代仪器，
　　　1999（6）：47-48.

［26］章连香，符斌.X- 射线荧光光谱分析技术的发展［J］.中
　　　国无机分析化学，2013，3（3）：1-7.

［27］环境保护部.土壤　氰化物和总氰化物的测定　分光光度
　　　法：HJ 745—2015［S］.北京：中国环境出版社，2015.

［28］中华人民共和国国家质量监督检验检疫总局，中国国家标
　　　准化管理委员会.土壤质量　氟化物的测定　离子选择电
　　　极法：GB/T 22104—2008［S］.北京：中国标准出版社，
　　　2008.

［29］谢正苗，吴卫红.环境中氟化物的迁移和转化及其生态效应
　　　［J］.环境科学进展，1999，7（2）：40-53.

［30］董岁明.氟在土—水系统中的迁移机理与含氟水的处理研究
　　　［D］.西安：长安大学，2004.

223